目录 CONTENTS

001

一叶萩（叶底珠、白几木、狗梢条、山蒿树）

【学名】*Flueggea suffruticosa* (Pall.) Baill.

【科属】大戟科白饭树属

【生　　境】生于山坡灌丛中或山沟、路边，海拔800～2500米。

【分　　布】分布于广东等地。

【识别特征】灌木，可高达3米，多分枝。

叶	叶纸质，椭圆形或长椭圆形，全缘或间有不整齐波状齿或细齿，下面淡绿色，托叶卵状披针形，宿存。
花	花簇生叶腋。
果实	蒴果三棱状扁球形，径约5毫米，熟时淡红褐色，有网纹，3月裂，具宿存萼片。
物候期	花期3～8月，果期6～11月。

【采收加工】嫩枝叶，春末至秋末均可采收，割取莲叶的绿色嫩枝，扎成小把，阴干，根全年均可采，除去泥沙，洗净，切片晒干。

【性味功能】味辛、苦，性微温，有小毒。祛风活血，益肾强筋。

【主治用法】嫩枝叶或根入药。主治风湿腰痛、四肢麻木、阳痿、小儿疳积、面神经麻痹、小儿麻痹症后遗症。内服：煎汤，6～9克。

【附　　方】1. 治小儿疳积：（一叶萩）根15～18克，加紫青藤（鼠李科牯岭勾儿茶）、白马骨（茜草科六月雪）根、野刚子（马钱科醉鱼草）根、倒压刺（豆科云实）根或茎各15～18克，黑大豆炒半生半热13～14粒，红枣4～5粒。水煎，冲红糖，早晚空腹各服1次。忌酸辣及坚硬食物。（《天目山药用植物志》）

2. 治阳痿：一叶萩根15～18克。水煎服。（《湖南药物志》）

002

人心果（吴凤柿、赤铁果、奇果）

【学名】*Manilkara zapota* (L.) van Royen

【科属】山榄科铁线子属

【生　　境】多栽培。

【分　　布】分布于广东等地。

【识别特征】乔木；高15～20米（栽培者常较矮，且常呈灌木状）；小枝茶褐色，具明显的叶痕。

叶	叶互生，密聚枝顶，革质，长圆形或卵状椭圆形，长6～19厘米，先端尖或钝，基部楔形，全缘或微波状，上面中脉凹下，侧脉纤细，平行，网脉细密；叶柄长1.5～3厘米。
花	花1～2朵生于枝顶叶腋，花梗长2～2.5厘米，密被毛；花萼裂片外轮3枚长6～7毫米，内轮3枚稍短，背面密被毛；花冠白色，长6～8毫米，花冠裂片先端具不规则细齿，背面两侧具2枚花瓣状附属物，能育雄蕊着生花冠筒喉部，退化雄蕊花瓣状；子房圆锥状，长约4毫米，密被毛。
果实	果纺锤形、卵圆形或球形，长4厘米以上，褐色，果肉黄褐色。
物候期	花期4～9月，果期11月至翌年5月。

【采收加工】果实成熟时采摘。树皮四季均可采集，剥皮，晒干备用。

【性味功能】味甘，性平。清热解毒，润肺止咳。

【主治用法】果实及树皮入药。果实：用于咳嗽咳痰等；树皮：用于热证。内服：煎服，12～40克。

003

三椏苦（三孖苦、三丫虎、三叉苦）

【学名】*Melicope pteleifolia* (Champion ex Bentham) T. G. Hartley

【科属】芸香科蜜茱萸属

【生　　境】见于海拔约1000米坡地常绿阔叶林中。

【分　　布】分布于广东等地。

【识别特征】乔木；树皮灰白或灰绿色，光滑，纵向浅裂；嫩枝的节部常呈压扁状，小枝的髓部大，枝叶无毛。

叶	3小叶，有时偶有2小叶或单小叶同时存在，叶柄基部稍增粗，小叶长椭圆形，两端尖，有时倒卵状椭圆形，全缘，油点多；小叶柄甚短。
花	花序腋生，很少同时有顶生，花甚多；花瓣淡黄或白色，常有透明油点，干后油点变暗褐至褐黑色。
果实	分果瓣淡黄或茶褐色，散生肉眼可见的透明油点，每分果瓣有1种子；种子蓝黑色，有光泽。
物候期	花期4～6月，果期7～10月。

【采收加工】全年采收，横切或纵切成段、块，晒干。

【性味功能】味苦，性寒。清热解毒，散瘀止痛。

【主治用法】根及叶入药。用于高热不退、咽喉肿痛、热毒疮肿等。内服：15～30克，水煎服。外用：适量，捣敷或煎水洗。

【附　　方】1. 预防流行性脑脊髓膜炎、流行性乙型脑炎、流行性感冒：三叉苦2000 克，野菊花、金银花各1500克，加水50千克，煎至30千克，供100人口服，每日1次，连用3～5天。(《全国中草药汇编》)

2. 治外阴瘙痒：三叉苦叶、鸭脚木叶、榕树须（气根）、乌桕叶各30克，薄荷叶15克，煎水洗患处。(《全国中草药汇编》)

004

大叶仙茅（假槟榔树、野棕）

【学名】*Curculigo capitulata* (Lour.) O. Kuntze

【科属】石蒜科仙茅属

【生　　境】生于林下或阴湿处，海拔850～2200米。

【分　　布】分布于广东等地。

【识别特征】粗壮草本，高达1米多。

叶	叶常4～7枚，纸质，长圆状披针形或近长圆形，先端长渐尖，全缘，具折扇状脉，有时被短毛；叶柄长30～80厘米。
花	花茎长10～30厘米，被褐色绒毛；总状花序密生多花，呈头状或近卵圆形，俯垂；花黄色。
果实	浆果近球形，白色，无喙。
物候期	花期5～6月，果期8～9月。

【采收加工】四季可采，洗净，晒干备用或鲜用。

【性味功能】味苦、涩，性平。润肺化痰，止咳平喘，镇静健脾，补肾固精。

【主治用法】根及根状茎入药。主治肾虚喘咳、腰膝酸痛、白带、遗精。用量15～30克。

【附　　方】治慢性气管炎：大叶仙茅、通光散鲜品各72克。煎三次，浓缩至60毫升，加蜂蜜适量。每次服用20毫升，每日3次。10天为一个疗程。(《全国中草药汇编》)

005

小蓬草（小飞蓬、飞蓬、小白酒草、蒿子草）

【学名】*Erigeron canadensis* L.

【科属】菊科飞蓬草属

【生　　境】常生长于旷野、荒地、田边和路旁。

【分　　布】分布于广东等地。

【识别特征】一年生草本，根纺锤状，具纤维状根。茎直立，高50～100厘米或更高，圆柱状，多少具棱，有条纹，被疏长硬毛，上部多分枝。

叶	叶密集，基部叶花期常枯萎，下部叶倒披针形，顶端尖或渐尖，基部渐狭成柄，边缘具疏锯齿或全缘。
花	头状花序多数，小，排列成顶生多分枝的大圆锥花序。
果实	瘦果线状披针形稍扁压，被贴微毛；冠毛污白色，1层，糙毛状。
物候期	花期5～9月。

【采收加工】春、夏季采收，鲜用或切段晒干。

【性味功能】味微苦、辛，性凉。清热利湿，散瘀消肿。

【主治用法】全草入药。主治痢疾、肠炎、肝炎、胆囊炎、跌打损伤、风湿骨痛、疮疖肿痛、外伤出血、牛皮癣。内服：煎汤，15～30克。外用：适量，鲜品捣敷。

【附　　方】1. 治菌疾、肠炎：小飞蓬全草30克。水煎服。(《广西本草选编》)

2. 治肾囊风：小飞蓬100克。煎水洗患处。(《湖南药物志》)

006

小蜡（山指甲、花叶女贞）

【学名】*Ligustrum sinense* Lour.

【科属】木樨科女贞属

【生　　境】生于山坡、山谷、溪边、河旁、路边的密林、疏林或混交林中。

【分　　布】分布于广东等地。

【识别特征】落叶灌木或小乔木，高2～4米。小枝圆柱形，幼时被淡黄色短柔毛或柔毛，老时近无毛。

叶	叶片纸质或薄革质，卵形、椭圆状卵形、长圆形、长圆状椭圆形至披针形，或近圆形，先端锐尖、短渐尖，至渐尖，叶柄被短柔毛。
花	圆锥花序顶生或腋生，塔形；花序轴被较密淡黄色短柔毛或柔毛以至近无毛。
果实	果近球形，径5～8毫米。
物候期	花期5～6月，果期9～12月。

【采收加工】夏、秋季采树皮及枝叶，鲜用或晒干。

【性味功能】味苦，性凉。清热利湿，解毒消肿。

【主治用法】树皮及枝叶入药。主治感冒发热、肺热咳嗽、咽喉肿痛、口舌生疮、湿热黄疸、痢疾、痈肿疮毒、湿疹、皮炎、跌打损伤、烫伤。内服：煎汤，10～15克，鲜品加倍。外用：适量，煎水含漱，或熬膏涂。

【附　　方】1. 治黄疸型肝炎：小蜡树鲜枝叶15～30克。水煎服。（《广西本草选编》）

2. 治痢疾、肝炎：小蜡树鲜叶30～60克（干叶9～15克）。水煎服。对急性细菌性痢疾，用干叶90克（或鲜叶150克）水煎，分2次内服，每日1剂。（《广西本草选编》）

007

山油柑（砂糖木、山柑、石苓舅、降真香）

【学名】*Acronychia pedunculata* (L.) Miq.

【科属】芸香科山油柑属

【生　　境】生于较低丘陵坡地杂木林中。

【分　　布】分布于广东等地。

【识别特征】乔木；高达15米；树皮灰白至灰黄色，平滑，内皮淡黄白色，剥离时具柑桔叶香气；小枝常中空。

叶	单小叶，椭圆形、倒卵形或倒卵状椭圆形，长7～18厘米，全缘；叶柄长1～2厘米，基部稍粗。
花	花两性，黄白色；花瓣窄长椭圆形，两侧边缘内卷，内面被毛。
果实	果序下垂，果淡黄色，半透明，近球形而稍具棱角，顶端短喙尖，具4条浅沟纹，富含水分，味甜；种子倒卵形。
物候期	花期4～8月，果期8～12月。

【采收加工】果实：秋、冬采收，用开水烫透，晒干。叶：全年均可采，鲜用或晾干。

【性味功能】果实：味甘，性平；健脾消食。叶：味辛、苦，性平；祛风止咳，理气止痛，活血消肿。

【主治用法】果实和叶入药。果实：主治食欲不振、消化不良、多汗。内服：煎汤，9～15克。叶：主治支气管炎、感冒咳嗽、风湿性腰腿痛、胃痛、疝气痛、跌打损伤、疔疮痈肿。内服：煎汤，9～15克。外用：适量，捣敷。

【附　　方】1. 治支气管炎、感冒、咳喘、心胃气痛、疝气痛：山油柑叶15～60克。水煎服。(《广西本草选编》)

2. 治食欲不振、消化不良：山油柑果实9～15克。水煎服。(《常用中草药手册》)

008

山菅兰（山菅、桔梗兰、山猫儿）

【学名】*Dianella ensifolia* (L.) Redouté

【科属】百合科山菅属

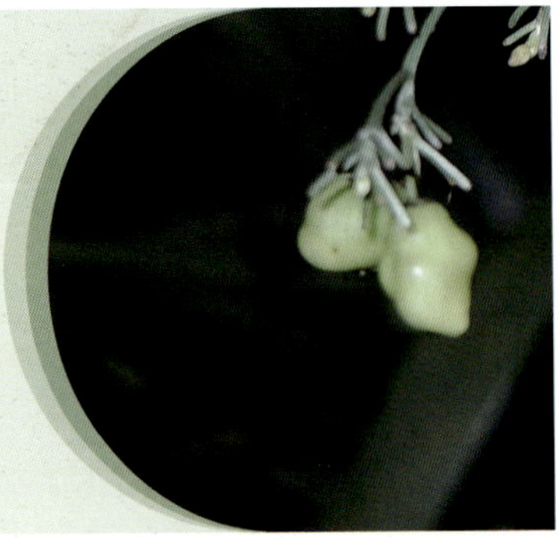

【生　　境】生于海拔1700米以下的林下、山坡或草丛中。

【分　　布】分布于广东南部。

【识别特征】植株高1～2米，根状茎圆柱状，横走，粗5～8毫米。

叶	叶狭条状披针形，长30～80厘米，宽1～2.5厘米，基部稍收狭成鞘状，套迭或抱茎，边缘和背面中脉具锯齿。
花	顶端圆锥花序长10～40厘米，分枝疏散；花常多朵生于侧枝上端；花梗长7～20毫米，常稍弯曲，苞片小；花被片条状披针形，绿白色、淡黄色至青紫色，5脉。
果实	浆果近球形，深蓝色，径约6毫米，具5～6种子。
物候期	花、果期3～8月。

【采收加工】四季可采挖，洗净，切片晒干备用。

【性味功能】味甘、辛，性凉，有大毒。拔毒消肿。

【主治用法】根入药。外用治痈疮脓肿、癣、淋巴结结核、淋巴结炎。干根粉适量，醋调敷患处，严禁内服。

【附　　方】治跌打损伤：酒蒸外用。(《陆川本草》)

009

大叶千斤拔（大猪尾、千斤力、千金红、红药头、天根不倒）

【学名】*Flemingia macrophylla* (Willd.) Prain

【科属】豆科千斤拔属

【生　　境】常生长于旷野草地上或灌丛中，山谷路旁和疏林阳处亦有生长，海拔200～1500米。

【分　　布】分布于广东等地。

【识别特征】直立灌木，高0.8～2.5米。幼枝有明显纵棱，密被紧贴丝质柔毛。

叶　叶具掌状3小叶；托叶披针形，长达2厘米，早落；叶柄长3～6厘米，具窄翅，被丝质柔毛；顶生小叶宽披针形至椭圆形，长8～15厘米，宽4～7厘米，先端渐尖，基部楔形，两面除沿脉被灰褐色丝质柔毛外，其余无毛，下面被黑褐色腺点；侧生小叶略小，偏斜。

花　总状花序常数枚簇生于叶腋，长3～8厘米；花序梗不明显，花序轴承密被灰褐色柔毛；苞片三角状卵形，长4～5毫米，先端渐尖；花多而密；花萼钟状，长6～8毫米，密被丝质短柔毛，裂片5，线状披针形，较萼管长1倍，最下方的1枚最长；花冠紫红色，长0.8～1厘米，旗瓣长椭圆形，瓣片基部具短瓣柄，两侧各具1耳，翼瓣窄椭圆形，龙骨瓣稍长于翼瓣；子房被丝质毛。

果实　荚果椭圆形，长1～1.6厘米，宽7～9毫米，疏被短柔毛，具1～2粒种子。

物候期　花期6～9月，果期10～12月。

【采收加工】秋季采根，抖净泥土，晒干。

【性味功能】味甘、淡，性平。祛风湿，益脾肾，强筋骨。

【主治用法】根入药。主治风湿骨痛、腰肌劳损、四肢萎软、偏瘫、阳痿、月经不调、带下、腹胀、食少、气虚足肿。内服：煎汤，10～30克；或浸酒。外用：研末撒；或捣烂外敷。

【附　　方】1. 治风湿性关节炎：大叶千斤拔30克，两面针9克。水煎服。(《香港中草药》)

2. 治阳痿：天根不倒15克。泡酒服。(《贵州民间药物》)

010

千里光（千里及、千里急、黄花演、眼明草、九里光、金钗草、九里明、黄花草）

【学名】*Senecio scandens* Buch.-Ham. ex D. Don

【科属】菊科千里光属

【生　　境】生于森林、灌丛中，攀援于灌木、岩石上或溪边，海拔50～3200米。

【分　　布】分布于广东等地。

【识别特征】多年生攀援草本。

叶	叶卵状披针形或长三角形，基部宽楔形、平截、戟形，稀心形，边缘常具齿，稀全缘，有时具细裂或羽状浅裂。
花	头状花序有舌状花，排成复聚伞圆锥花序；分枝和花序梗被柔毛，花序梗具苞片。
果实	瘦果圆柱形，被柔毛；冠毛白色。
物候期	花期8月至翌年4月。

【采收加工】秋季枝叶茂盛、花将开放时采割，晒干。

【性味功能】味苦，性寒，有小毒。清热解毒，泻肝明目，杀虫止痒。

【主治用法】地上部分入药。用于风热感冒、目赤肿痛、泄泻痢疾、湿疹、疮疖。内服：煎汤15～30克，鲜品加倍。外用：适量，煎水洗；或熬膏搽；或鲜草捣敷；或捣取汁点眼。

【附　　方】1. 预防中暑：千里光25～40克。泡开水代水饮。（《福建中草药》）

2. 治流感：千里光鲜全草50～100克。水煎服。（《草药手册》）

011

广东金钱草（金钱草、铜钱沙、铜钱射草、广金钱草）

【学名】*Grona styracifolia* (Osbeck) H. Ohashi & K. Ohashi

【科属】豆科假地豆属

【生　　境】生于山坡、草地或灌木丛中，海拔1000米以下。

【分　　布】分布于广东等地。

【识别特征】亚灌木状草本，植株高达1米。

叶	叶常为单小叶，小叶厚纸质或近革质，圆形、近圆形或宽倒卵形，先端圆或微凹，基部圆或心形，上面无毛，下面密被贴伏白色丝状毛。
花	总状花序长1～3厘米；花序梗密生丝状毛；花密生，2朵生于每节上；花冠紫红色。
果实	荚果被短柔毛和小钩状毛，腹缝线直，背缝浅波状，有3～6荚节；果柄下弯。
物候期	花期6～9月。

【采收加工】7～10月采割，晒干。

【性味功能】味甘、淡，性凉。清热利湿，通淋排石。

【主治用法】全草入药。主治泌尿系感染、泌尿系结石、肾炎水肿、胆囊炎、胆结石、黄疸型肝炎、小儿疳积、痈肿。内服：煎汤，15～30克，鲜品30～60克。外用：捣敷。

【附　　方】1. 治泌尿系感染：广金钱草24克，车前草、海金沙、金银花各15克。水煎服，每日1剂。（《全国中草药汇编》）

2. 治膀胱结石：广东金钱草60克，海金沙15克。水煎服。（《岭南草药志》）

012

广防风（茴草、癞蛤蟆、野紫苏、野苏、土藿香、野苏麻、防风草）

【学名】*Anisomeles indica* (Linnaeus) Kuntze

【科属】唇形科广防风属

【生　　境】生于热带及南亚热带地区的林缘或路旁等荒地上，海拔40～1580米。

【分　　布】分布于广东等地。

【识别特征】草本，直立，粗壮，分枝。茎高1～2米，四棱形，具浅槽，密被白色贴生短柔毛。

叶　叶宽卵形，长4～9厘米，先端尖或短渐尖，基部近平截宽楔形，具不规则牙齿，上面被细糙伏毛，脉上毛密；叶柄长1～4.5厘米。

花　穗状花序径约2.5厘米；苞叶具短柄或近无柄；花冠淡紫色，长约1.3厘米，无毛，冠筒漏斗形，上唇长圆形，下唇近水平开展，3裂，中裂片倒心形，边缘微波状，内面中部被髯毛，侧裂片卵形。

果实　小坚果径约1.5毫米。

【采收加工】秋采收，洗净，鲜用或晒干。

【性味功能】味辛、苦，性微温。祛风解表，理气止痛，消疮毒。

【主治用法】全草入药。主治感冒发热、风湿痹痛、痈肿疮毒、皮肤湿疹、虫蛇咬伤。内服：煎汤，9～15克；或浸酒。外用：适量，煎水洗；或鲜品捣敷。

【附　　方】1. 治风湿骨痛：野苏麻、阎王刺、香樟皮各15克。煨水服。（《贵州草药》）

2. 治痈肿：防风草鲜全草60克，绞汁调黄酒炖服，渣外敷。或鲜全草30克，鲜马鞭草9克，水煎，黄酒冲服。（《浙江药用植物志》）

013

广藿香（藿香、南藿香、石牌广藿香、海南广藿香、枝香）

【学名】*Pogostemon cablin* (Blanco) Benth.

【科属】唇形科刺蕊草属

【生　　境】多栽培。

【分　　布】分布于广东等地。

【识别特征】多年生芳香草木或亚灌木状，茎被绒毛。

叶	叶圆形或宽卵形，基部楔形，具不规则齿裂，上面疏被绒毛，下面被绒毛，侧脉约5对；叶柄长1～6厘米，被绒毛。
花	轮伞花序10至多花，下部的稍疏离，向上密集，排列成穗状花序，穗状花序顶生及腋生，密被长绒毛。花冠紫色。
物候期	花期4月。

【采收加工】水田栽培6～8月、坡地栽培8～11月收割。选晴天连根拔起，去掉须根及泥沙。

【性味功能】味辛，性微温。芳香化湿，和胃止呕，祛暑解表。

【主治用法】全草入药。主治湿阻中焦之脘腹痞闷、食欲不振、呕吐、泄泻，外感暑湿之寒热头痛，湿温初起的发热身困、胸闷恶心，鼻渊，手足癣。内服：煎汤，5～10克，鲜者加倍，不宜久煎；或入丸、散。外用：煎水含漱，或浸泡患部；或研末调敷。藿香叶偏于解表，藿香梗偏于和中止呕。

【附　　方】1. 治胎气不安、气不升降、呕吐酸水：香附、藿香、甘草各6克。为末，每服6克，入盐少许，沸汤调服之。（《太平圣惠方》）

2. 治冷露疮烂：藿香叶、细茶等分。烧灰，油调涂叶上贴之。（《包会应验方》）

014

板蓝（大叶冬蓝、大蓝、青蓝、山蓝）

【学名】*Strobilanthes cusia* (Nees) Kuntze

【科属】爵床科紫云菜属

【生　　境】生于山地、林缘潮湿的地方，野生或栽培。

【分　　布】分布于广东等地。

【识别特征】多年生草本，高30～70厘米。干时茎叶呈蓝色或墨绿色。根茎粗壮，断面呈蓝色。地上茎基部稍木质化，略带方形，稍分枝，节膨大，幼时被褐色微毛。

叶	叶对生；叶柄长1～4厘米，叶片倒卵状椭圆形或卵状椭圆形；先端急尖，微钝头，基部渐狭细，边缘有浅锯齿或波状齿或全缘。
花	花无梗，成疏生的穗状花序，顶生或腋生；苞片叶状，狭倒卵形，早落。
果实	蒴果为稍狭的匙形，长1.5～2厘米。种子4颗，有微毛。
物候期	花期6～10月，果期7～11月。

【采收加工】叶：秋季采收，晒干。根：初冬采挖，除去茎叶，洗净，晒干。

【性味功能】味辛、苦，性寒，有小毒。疏风清热，凉血解毒。

【主治用法】叶、根入药。主治风热咳嗽、急性中耳炎、大泡性鼓膜炎、风疹瘙痒；9～15克。外用适量，鲜品捣烂取汁或涂敷。

【附　　方】1. 治腮腺炎：鲜马蓝叶30～60克。水煎服。另用鲜叶捣烂调蜜或绞汁调醋，涂抹患部。(《福建中草药》)

2. 治喉痛：板蓝根、开喉箭、山豆根各30克，马勃9克.水煎服。(《重庆草药》)

015

马缨丹（七变花、如意草、臭草、五彩花、五色梅）

【学名】*Lantana camara* L.

【科属】马鞭草科马缨丹属

【生　　境】常生长于海拔80～1500米的海边沙滩和空旷地区。

【分　　布】分布于广东等地。

【识别特征】直立或蔓性的灌木，高1～2米，有时藤状，长达4米。

叶	叶卵形或卵状长圆形，先端尖或渐尖，基部心形或楔形，边缘具钝齿，表面有粗糙的皱纹和短柔毛，背面有小刚毛，侧脉约5对。
花	花序梗粗壮，长于叶柄；苞片披针形；花萼管状，膜质，具短齿；花冠黄或橙黄色，花后深红色。
果实	果圆球形，径约4毫米，成熟时紫黑色。
物候期	全年开花。

【采收加工】花、根：全年均可采，鲜用或晒干。叶或嫩枝叶：春、夏季采收，鲜用或晒干。

【性味功能】味苦，性凉。花有毒，可清热止血。根可清热泻火、解毒散结。叶或嫩枝叶可清热解毒、祛风止痒。

【主治用法】花、根、叶或嫩枝叶入药。花：主治肺痨咯血、腹痛吐泻、湿疹、阴痒。内服：煎汤，5～10克；研末，3～5克。外用：适量，捣敷。根：主治感冒发热、伤暑头痛、胃火牙痛、咽喉炎、痄腮、风湿痹痛、瘰疬痰核。内服：煎汤，15～30克，鲜品加倍。外用：适量，煎水含漱。叶或嫩枝叶：主治痈肿毒疮、湿疹、疥癣、皮炎、跌打损伤。内服：煎汤，15～30克；或捣汁冲酒。外用：适量，煎水洗；或捣敷；或绞汁涂。

【附　　方】1. 治肺结核咯血：马缨丹花3～9克。水煎服。（《海南岛常用中草药手册》）

2. 治小儿嗜睡：马缨丹花9克，葵花6克。水煎服。（《草药手册》）

016

马鞭草（蜻蜓饭、蜻蜓草、风须草、土马鞭、粘身蓝被）

【学名】*Verbena officinalis* L.

【科属】马鞭草科马鞭草属

【生　　境】常生长在低至高海拔的路边、山坡、溪边或林旁。

【分　　布】分布于广东等地。

【识别特征】多年生草本，高30～120厘米。茎四方形，近基部可为圆形，节和棱上有硬毛。

叶	叶片卵圆形至倒卵形或长圆状披针形，基生叶的边缘通常有粗锯齿和缺刻，茎生叶多数3深裂，裂片边缘有不整齐锯齿，两面均有硬毛，背面脉上尤多。
花	穗状花序顶生和腋生；花冠淡紫至蓝色，外面有微毛，裂片5；雄蕊4，着生于花冠管的中部。
果实	果长圆形，长约2毫米，外果皮薄，成熟时4瓣裂。
物候期	花期6～8月，果期7～10月。

【采收加工】6～8月花开时采割，除去杂质，晒干。

【性味功能】味苦，性凉。活血散瘀，解毒，利水，退黄，截疟。

【主治用法】全草入药。用于癥瘕积聚、痛经经闭、喉痹、痈肿、水肿、黄疸、疟疾。内服：煎汤，15～30克，鲜品30～60克；或入丸、散。外用：捣敷，或煎水洗。

【附　　方】1. 治伤风感冒、流感：鲜马鞭草45克，羌活15克，青蒿30克。上药煎汤2小碗，每日2次分服，连服2～3日。咽痛加鲜桔梗15克。(《江苏验方草药选编》)

2. 治喉痹深肿连颊，吐气数者，名马喉痹：马鞭草根一握，截去两头，捣取汁服。(《千金方》)

3. 治传染性肝炎、肝硬化腹水：马鞭草、车前草、鸡内金各15克。水煎服。(《陕甘宁青中草药选》)

017

丰花草（波利亚草、长叶鸭舌癀）

【学名】*Spermacoce pusilla* Wallich

【科属】茜草科丰花草属

【生　　境】生于空旷草地、山坡或路边。

【分　　布】分布于广东等地。

【识别特征】直立、纤细草本。

叶　　叶近无柄，革质，线状长圆形，顶端渐尖，基部渐狭，两面粗糙，干时边缘背卷，鲜时深绿色。

花　　花多朵丛生成球状生于托叶鞘内，无梗；花冠近漏斗形，白色，顶端略红，冠管极狭，柔弱，无毛。

果实　蒴果长圆形或近倒卵形；种子狭长圆形，一端具小尖头，一端钝，干后褐色，具光泽并具横纹。

物候期　花、果期10～12月。

【采收加工】夏、秋采收（海南省全年均可采），鲜用或晒干。

【性味功能】味苦，性凉。活血祛瘀，消肿解毒。

【主治用法】全草入药。主治跌打损伤、骨折、痈疽肿毒、毒蛇咬伤。

018

天竺桂（山玉桂、土桂、土肉桂、山肉桂、竺香、大叶天竺桂、普陀樟、浙江樟）

【学名】*Cinnamomum japonicum* Sieb.

【科属】樟科樟属

【生　　境】生于低山或近海的常绿阔叶林中，海拔300～1000米。

【分　　布】分布于广东等地。

【识别特征】常绿乔木，高10～15米，胸径30～35厘米。枝条细弱，圆柱形，极无毛，红色或红褐色，具香气。

叶　叶卵状长圆形或长圆状披针形，长7～10厘米，先端尖或渐尖，基部宽楔形或近圆，两面无毛，离基三出脉；叶柄长达1.5厘米，带红褐色，无毛。

花　花序长3～4.5厘米，花序梗与序轴均无毛；花梗长5～7毫米，无毛；花被片卵形，外面无毛，内面被柔毛；能育雄蕊长约3毫米，花丝被柔毛。

果实　果长圆形，长7毫米；果托浅波状，径达5毫米，全缘或具圆齿。

物候期　花期4～5月，果期7～9月。

【采收加工】冬季剥取树皮，阴干。

【性味功能】味辛、甘，性温。温脾胃，暖肝肾，祛寒止痛，散瘀消肿。

【主治用法】树皮入药。主治脘腹冷痛、呕吐泄泻、腰膝酸冷、寒疝腹痛、寒湿痹痛、瘀滞痛经、血痢、肠风、跌打肿痛等。内服：煎汤，6～12克；外用：适量，研末用水或酒调敷。

【附　　方】1. 治胃痛、腹痛：天竺桂干树皮15～21克。煎服。(《福建中草药》)

2. 治胃寒、恶心呕吐：官桂、草豆蔻、藿香各等分。共研细末，每次4.5克，每日2次，开水送服。(《安徽中草药》)

3. 治产后小腹冷痛：官桂6克，当归、延胡索各9克，小茴香4.5克，川芎6克，煎服。(《安徽中草药》)

4. 治跌打损伤：天竺桂根、树皮。研末，调水或酒敷患处。(《福建中草药》)

5. 治创伤出血：浙樟根皮晒干，研末，撒伤处。(《湖南药物志》)

019

木贼（木贼草、锉草、节节草、节骨草、响草、接骨叶、笔杆草、笔筒草、擦草、无心草、笔头草、笔管草）

【学名】*Equisetum hyemale* L.

【科属】木贼科木贼属

【生　　境】生于海拔100～3000米。

【分　　布】分布于广东等地。

【识别特征】叶退化成鳞片状，基部合生成筒状的鞘。

叶	叶退化成鳞片状，基部合生成筒状的鞘，鞘长6～10厘米，叶鞘基部和鞘齿有一黑色环圆。
茎	茎直立，单一，中空，表面有纵棱脊20～30条，棱上面有疣状突起2行。
孢子	孢子囊秘生于茎顶，长圆柱形。

【采收加工】全草入药。夏、秋季采收，割取地上部分，按粗细扎成小捆，阴干或晒干。

【性味功能】味甘、苦，性平。疏风散热，明目退翳，止血。

【主治用法】主治目生云翳、迎风流泪、肠风下血、血痢、脱肛、疟疾、喉痛、痈肿。

【附　　方】1. 治目昏多泪：木贼（去节）、苍术（泔浸）各30克。为末，每服6克，茶调下，或蜜丸亦可。(《太平圣惠方》)

2. 治血痢不止：木贼15克，水煎温服。一日一服。《太平圣惠方》

020

牛白藤（毛鸡屎藤、脓见消、癍痧藤、大叶龙胆草、土加藤甜茶、接骨丹、排骨连、凉茶藤等）

【学名】*Hedyotis hedyotidea* (DC.) Merr.

【科属】茜草科耳草属

【生　　境】生于低海拔至中海拔沟谷灌丛或丘陵坡地。

【分　　布】分布于广东等地。

【识别特征】藤状灌木，触之有粗糙感。

叶	叶对生，膜质或纸质，长卵形或卵形，先端短尖或短渐尖，基部楔形，上面粗糙，下面被柔毛，侧脉4～5对；托叶先端平截，有4～6条刺毛。
花	伞形头状花序，有10～20花，腋生或顶生；花冠裂片披针形，比冠筒长。
果实	蒴果近球形，顶部隆起，成熟时室间裂为2果爿。
物候期	花期4～7月。

【采收加工】全年可采，洗净，切片或切段，晒干。

【性味功能】味甘、淡，性凉。凉血解毒，祛瘀消肿。

【主治用法】根及茎叶入药。主治风湿性腰腿痛、痈疮肿痛、跌打损伤、痔疮出血。根：内服，煎汤，15～30克；外用，适量，捣敷，或煎水洗。茎叶：内服，煎汤，10～30克；外用，适量，捣烂外敷。

【附　　方】治腰腿疼痛、痔疮出血、疖疮痈肿：牛白藤根15～30克。水煎服。（《常用中草药手册》）。

021

毛麝香（五凉草、辣蓟、辣鸡）

【学名】*Adenosma glutinosa* (L.) Druce

【科属】玄参科毛麝香属

【生　　境】生于海拔300～2000米的荒山坡、疏林下湿润处。

【分　　布】分布于广东等地。

【识别特征】直立草本，密被长柔毛和腺毛；株高达1米；茎上部四方形，中空，常有分枝。

叶	叶对生，上部的多少互生，披针状卵形或宽卵形，先端锐尖，基部楔形、平截或近心形；下面被长柔毛，并有稠密的黄色腺点，腺点脱落后留下褐色凹窝。
花	花单生叶腋或在枝顶集成总状花序；花冠紫红或蓝紫色。
果实	蒴果卵圆形，顶端具喙；种子长圆形，褐色或棕色，有网纹。
物候期	花、果期7～10月。

【采收加工】夏、秋采收，切段晒干鲜用。

【性味功能】味辛，性温。祛风湿，消肿毒，行气血，止痛痒。

【主治用法】全草入药。主治风湿骨痛、小儿麻痹、气滞腹痛、疮疖肿毒、皮肤湿疹、跌打伤痛、蛇虫咬伤。内服：煎汤，10～15克。外用：鲜品适量，煎水洗或捣敷。

【附　　方】1. 治风湿痛：毛麝香适量，水煎洗患处。（《全国中草药汇编》）

2. 治小儿麻痹、风湿骨痛：毛麝香15～30克。水煎服。（《常用中草药手册》）

022

六月雪（满天星、白马骨、路边荆、路边姜）

【学名】*Serissa japonica* (Thunb.) Thunb. Nov. Gen.

【科属】茜草科白马骨属

【生　　境】生于河溪边或丘陵的杂木林内。

【分　　布】分布于广东等地。

【识别特征】小灌木，高60～90厘米，有臭气。

叶	叶革质，卵形或倒披针形，先端短尖或长尖，全缘，无毛；叶柄短。
花	花单生或数朵簇生小枝顶部或腋生；花冠淡红或白色，花冠筒比萼裂片长。
物候期	花期5～7月。

【采收加工】干燥全草。全年均可采挖，除去泥沙，晒干。

【性味功能】味淡、微辛，性凉。祛风利湿，清热解毒。

【主治用法】全草入药。用于感冒、黄疸型肝炎、肾炎水肿、咳嗽、喉痛、角膜炎、肠炎、痢疾、腰腿疼痛、咳血、尿血、妇女闭经、白带、小儿疳积、惊风、风火牙痛、痈疽肿痛、跌打损伤。内服：煎汤，10～20克，鲜品30～60克。外用：适量，捣烂外敷或煎水洗。

【附　　方】1. 治感冒：六月雪、凤尾草、筋骨草各30克。水煎服。

2. 治流行性感冒：六月雪、千里光、土牛膝、白茅根各15克，留兰香3克。水煎，分两次服，每日1剂。

023

玉叶金花（良口茶、野白纸扇、灵仙玉叶金花）

【学名】*Mussaenda pubescens* W. T. Aiton

【科属】茜草科玉叶金花属

【生　　境】生于灌丛、溪谷、山坡或村旁。

【分　　布】分布于广东等地。

【识别特征】攀援灌木，嫩枝被贴伏短柔毛。

叶　　叶对生或轮生，卵状长圆形或卵状披针形，先端渐尖，基部楔形，上面近无毛或疏被柔毛，下面密被柔毛，侧脉5～7对；叶柄被柔毛，托叶三角形，2深裂，裂片线状。

花　　聚伞花序顶生，密花；花梗极短或无梗；花萼被柔毛，萼筒陀螺形，萼裂片线形，比萼筒长2倍以上，花叶宽椭圆形，两面被柔毛；花冠黄色，冠筒被贴伏柔毛，喉部密被毛；花柱内藏。

果实　　浆果近球形，疏被柔毛，干后黑色。

物候期　　花期6～7月。

【采收加工】全年可采收，鲜用或洗净晒干，切碎备用。

【性味功能】味甘、微苦，性凉。清热解毒，利湿消肿。

【主治用法】藤与根入药。用于感冒、中暑、肠炎、肾炎水肿、咽喉肿痛、支气管炎。

【附　　方】1. 治感冒、中暑：玉叶金花藤、牡荆叶各等量制茶，加薄荷少许，泡水饮用。

2. 治湿热、小便不利：玉叶金花藤30克，鲜金银花藤60克，车前草30克，水煎服。

024

破布叶（布渣叶、麻布叶、烂布渣）

【学名】*Microcos paniculata* L.

【科属】椴树科破布叶属

【生　　境】生于山谷、平地、斜坡灌丛中。

【分　　布】分布于广东等地。

【识别特征】灌木或小乔木，高3～12米，树皮灰黑色。

叶	叶薄革质，卵状长圆形，先端渐尖，两面被星状柔毛，后脱落无毛，3出脉的两侧脉由基部生出，向上过中部，边缘有细锯齿；叶柄长1～1.5厘米，托叶线状披针形。
花	顶生圆锥花序长4～10厘米，被星状柔毛；苞片披针形；花梗短；萼片长圆形，被毛；花瓣长圆形，腺体长约2毫米；雄蕊多数，短于萼片；子房球形，无毛，柱头锥形。
果实	核果近球形或倒卵圆形，长1厘米；果柄短。
物候期	花期6～7月。

【采收加工】夏、秋采叶，晒干。

【性味功能】味淡、微酸，性平。清暑，消食，化痰。

【主治用法】叶入药。主治感冒、中暑、食滞、消化不良、腹泻、黄疸等。内服：煎汤，15～50克，鲜品30～60克。外用：适量，煎水洗；或捣敷。

【附　　方】1. 治消化不良，腹泻：布渣叶、番石榴叶、辣蓼各18克。水煎服，每日2剂。(《香港中草药》)

2. 治黄疸：布渣叶60克，猪血60克。煎水服，每日1次，连服6天。(《岭南草药志》)

025

龙葵（黑天天、天茄菜、地泡子、小果果、野茄秧、山辣椒、灯龙草）

【学名】*Solanum nigrum* L.

【科属】茄科茄属

【生　　境】生于海拔600～3000米田边、荒地及村庄附近。

【分　　布】分布于广东等地。

【识别特征】一年生直立草本，高0.25～1米，茎无棱或棱不明显，绿色或紫色，近无毛或被微柔毛。

叶	叶卵形，先端钝，基部楔形或宽楔形，下延，全缘或具4～5对不规则波状粗齿，两面无毛或疏被短柔毛，叶脉5～6对。
花	伞形状花序腋外生，具3～6花；花梗近无毛或被短柔毛；花冠白色，冠檐裂片卵圆形。
果实	浆果球形，径0.8～1厘米，黑色；果柄弯曲；种子近卵圆形，径1.5～2毫米。
物候期	花期5～8月，果期7～11月。

【采收加工】干燥地上部分。夏、秋二季采割，除去杂质，晒干。

【性味功能】地上部分：味苦、微甘，性寒，有小毒。清热解毒，消肿散结，利尿通淋。龙葵根：味苦，性寒。清热利湿，活血解毒。龙葵子：味苦，性寒。清热解毒，化痰止咳。

【主治用法】地上部分、根或种子入药。地上部分：用于疮疔肿痛、淋证、小便不利。内服：煎汤，15～30克。外用：适量，捣敷或煎水洗。龙葵子：主治咽喉肿痛、疔疮、咳嗽痰喘。外用：适量，煎水含漱或捣敷。内服：煎汤，6～9克；或浸酒。龙葵根：主治痢疾、淋浊、尿路结石、白带、风火牙痛、跌打扭伤、痈疽肿毒。内服：

煎汤，9～15克，鲜品加倍。外用：适量，捣敷或研末调敷。

【附　　方】1. 治毒蛇咬伤：龙葵、六月雪鲜叶各30克。捣烂取汁内服，药渣外敷，连用2天。(《全国中草药汇编》)

2. 治急性肾炎、浮肿、小便少：鲜龙葵、鲜芫花各15克，木通6克。水煎服。(《河北中药手册》)

026

白苞蒿（四季菜、大力王、白花蒿、鸭脚艾、珍珠花菜、广东刘寄奴、野芫荽）

【学名】*Artemisia lactiflora* Wall. ex DC.

【科属】菊科蒿属

【生　　境】多生于林下、林缘、灌丛边缘、山谷等湿润或略为干燥地区。

【分　　布】分布于广东等地。

【识别特征】多年生草本。主根明显。

叶	叶上面疏被腺状柔毛，下面初微被稀疏柔毛；基生叶与茎下部叶宽卵形或长卵形。
花	头状花序长圆形，数枚或10余枚排成密穗状花序，在分枝排成复穗状花序，在茎上端组成圆锥花序；总苞片无毛。
果实	瘦果倒卵圆形或倒卵状长圆形。
物候期	花、果期8～11月。

【采收加工】夏、秋季割取地上部分，晒干或鲜用。根：秋季采挖，洗净，鲜用或晒干。

【性味功能】味辛、微苦，性微温。活血散瘀，理气化湿。

【主治用法】全草或根入药。主治血瘀痛经、经闭、产后瘀滞腹痛、慢性肝炎、肝脾肿大、食积腹胀、寒湿泄泻、疝气、脚气、阴疽肿痛、跌打损伤、水火烫伤。内服：煎汤，10～15克，鲜品加倍；或捣汁饮。外用：适量，捣烂敷或绞汁涂；研末撒或调敷。

【附　　方】1. 治经闭或经前腹痛：鲜鸭脚艾60克。酒水煎，调红糖服。《福建中草药》

2. 治产后积瘀腹痛，或伴有寒热、肢节酸痛：鸭脚艾30克。水煎，调红糖服。《福建中草药》

027

白背叶（雄株、白匏仔、白背木、白面虎、白吊栗、野桐、白面戟）

【学名】*Mallotus apelta* (Lour.) Muell. Arg.

【科属】大戟科野桐属

【生　　境】生于海拔1000米以下山坡或山谷灌丛中。

【分　　布】分布于广东等地。

【识别特征】灌木或小乔木，高1～3米。

叶	叶互生，卵形或宽卵形，先端骤尖或渐尖，基部平截或稍心形，疏生齿，上面干后黄绿色或暗绿色，无毛或被疏毛，下面被灰白色星状绒毛；基部近叶柄处有褐色斑状腺体2个。
花	花雌雄异株，雄花序为开展的圆锥花序或穗状，苞片卵形，雄花多朵簇生于苞腋；雌花序穗状，稀有分枝。
果实	蒴果近球形，密生被灰白色星状毛的软刺，软刺线形，黄褐色或浅黄色。
物候期	花期6～9月，果期8～11月。

【采收加工】全年可采，除去杂质，晒干。

【性味功能】味苦，性寒。清热解毒，消肿止痛，祛湿止血。

【主治用法】叶、根及根茎入药。叶：用于痈疖疮疡、鹅口疮、皮肤湿痒、跌打损伤、外伤出血。内服：煎汤，1.5～9克。外用：捣敷，或研末撒，或煎水洗，或滴耳。根及根茎：主治肝炎、肠炎、淋浊、带下、脱肛、子宫下垂、肝脾肿大、跌打扭伤。内服：煎汤，15～30克。外用：研粉末撒，或浸酒搽，或煎水洗。

【附　　方】1. 治疮疖溃烂：白背叶3克，冰片0.3克。共研细末，撒敷患处。（《安徽中草药》）

2. 治痢疾、肠炎：白背叶根、地锦草各30克，焦山楂15克。煎服。（《安徽中草药》）

028

白鹤藤（一匹绸、女苑、绸缎藤、绸缎叶、银背藤、白背藤）

【学名】*Argyreia acuta* Lour.

【科属】旋花科银背藤属

【生　　境】生于海拔200米以下疏林、灌丛中或河边。

【分　　布】分布于广东等地。

【识别特征】攀援灌木。小枝通常圆柱形，被银白色绢毛，老枝黄褐色，无毛。

叶　叶椭圆形或卵形，先端锐尖，或钝，基部圆形或微心形，叶面无毛，背面密被银色绢毛，全缘，叶柄长，被银色绢毛。

花　聚伞花序腋生或顶生，花序梗长；花冠白色，漏斗状，5深裂，裂片长圆形，渐尖；雄蕊稍伸出。

果实　浆果球形，红色，径约8毫米，为增大宿萼所包；种子4～2颗，卵状三角形。

【采收加工】全年或夏、秋采收，鲜用或晒干。

【性味功能】茎叶：味辛、微苦，性凉。祛风除湿，化痰止咳，散瘀止血，解毒消痈。根：味涩、甘，性平。祛风湿，舒筋络。

【主治用法】茎叶、根入药。茎叶：主治风湿痹痛、水肿、膨胀、咳喘痰多、带下、崩漏等。内服：煎汤，9～15克。外用：适量，捣敷或水煎洗。根：主治风湿痹痛、跌打损伤。内服：适量，浸酒。

【附　　方】1. 治白带：一匹绸30克，小榕树须15克，鸡冠花30克。水煎服。（《广西民间常用草药手册》）

2. 治跌打积瘀、经络不和：一匹绸30克。水煎冲酒服。（《广西民间常用草药手册》）

029

半边旗（半边梳、半边风药）

【学名】*Pteris semipinnata* L. Sp.

【科属】凤尾蕨科凤尾蕨属

【生　　境】生于海拔140～850米疏林下阴处、溪边、岩石旁或路边酸性土壤。

【分　　布】分布于广东等地。

【识别特征】植株高0.3～0.8米。

叶　　叶簇生，近一型；叶柄连同叶轴均栗红色；叶片长圆状披针形，奇数二回半边深羽裂；叶干后草质，灰绿色。

根状茎　长而横走，先端及叶柄基部被褐色鳞片。

孢子　孢子囊群线形，生于裂片边缘的边脉上，囊群盖同形，黄棕色，膜质，全缘。

【采收加工】全年可采，除去杂质，晒干。

【性味功能】味苦、辛，性凉。清热利湿，凉血止血，解毒消肿。

【主治用法】全草或根茎入药。用于湿热泄泻、热毒泻痢、湿热黄疸、血热吐血、痔疮出血、外伤出血、目赤肿痛、牙痛、跌打肿痛、疔疮肿毒、皮肤瘙痒、虫蛇咬伤。内服：煎汤，9～15克。外用：适量，捣敷；或研末撒；或煎水熏洗。

【附　　方】1. 治吐血：生半边旗一握，捣烂，米泔水冲取汁饮。（《广西药植图志》）

2. 治中风：半边风药、石菖蒲、马蹄决明各9克，煎水服。（《贵州民间药物》）

030

母草（四方拳草、蛇通管、气痛草、四方草、小叶蛇针草、铺地莲）

【学名】*Lindernia crustacea* (L.) F. Muell

【科属】玄参科母草属

【生　　境】生于稻田、草地、荒地和路旁等低湿处。

【分　　布】分布于广东等地。

【识别特征】草本，根须状；高10～20厘米，常铺散成密丛，多分枝，枝弯曲上升，微方形有深沟纹，无毛。

叶　叶柄长1～8毫米；叶片三角状卵形或宽卵形，顶端钝或短尖，基部宽楔形或近圆形，边缘有浅钝锯齿，上面近于无毛，下面沿叶脉有稀疏柔毛或近于无毛。

花　花单生于叶腋或在茎枝之顶成极短的总状花序。花冠紫色，管略长于萼。上唇直立，卵形，钝头，有时2浅裂；下唇3裂，中间裂片较大。

果实　蒴果椭圆形，与宿萼近等长；种子近球形，浅黄褐色，有明显的蜂窝状瘤突。

【采收加工】夏、秋季采收，鲜用或晒干。

【性味功能】味微苦、淡，性凉。清热利湿，活血止痛。

【主治用法】全草入药。主治风热感冒、湿热泻痢、肾炎水肿、白带、月经不调、痈疖肿毒、毒蛇咬伤、跌打损伤。内服：煎汤，10～15克，鲜品30～60克；或研末、浸酒。外用：鲜品捣敷。

【附　　方】1. 治风热感冒、急性肝炎、急性肾炎：母草全草30～60克。水煎服。（《湖南药物志》）

2. 治急性泻痢或伴发热：母草30克，甘葛15克，马齿苋、陈茶叶各适量。同炒，煎服。（《庐山中草药》）

031

马爬儿（野梢瓜、老鼠拉冬瓜、马交儿、土花粉）

【学名】*Zehneria japonica* (Thunberg) H. Y. Liu

【科属】葫芦科马爬儿属

【生　境】常生于海拔500～1600米的林中阴湿处以及路旁、田边及灌丛中。

【分　布】分布于广东等地。

【识别特征】攀援或平卧草本；茎、枝纤细，疏散，有棱沟，无毛。

叶	叶柄细，初时有长柔毛，最后变无毛；叶片膜质，多形，三角状卵形、卵状心形或戟形，不分裂或3～5浅裂，若分裂时中间的裂片较长，三角形或披针状长圆形；侧裂片较小，三角形或披针状三角形，上面深绿色，粗糙，脉上有极短的柔毛，背面淡绿色，无毛；顶端急尖或稀短渐尖，基部弯缺半圆形，边缘微波状或有疏齿，脉掌状。
花	雌雄同株。雄花：单生，稀2～3朵成短总状花序；花萼宽钟形，长1.5毫米；花冠淡黄色，有柔毛，裂片长圆形或卵状长圆形，长2～2.5毫米。雄蕊花药2枚2室，1枚1室，有时全部2室，花丝长0.5毫米，花药长1毫米，药室稍弓曲，药隔宽，稍伸出。
果实	果柄纤细，长2～3厘米；果长圆形或窄卵形，无毛，长1～1.5厘米，成熟后桔红或红色；种子灰白色，卵形，长3～5毫米
物候期	花期4～7月，果期7～10月。

【采收加工】根：秋季采收，挖块根，去泥及细根，洗净，切厚片。叶：夏季采叶，洗净晒干备用。

【性味功能】味甘、苦，性凉。清热解毒，消肿散结，化痰利尿。

【主治用法】根或叶入药。主治痈疮疖肿、瘰核瘰疬、咽喉肿痛、痄腮、石淋、小便不利、皮肤湿疹、目赤黄疸、毒蛇咬伤等。内服：煎汤，9～15克。外用：适量，捣烂敷患处。

【附　　方】1. 治红斑狼疮：马交儿根15～18克，用水大半碗，煮沸片刻，每日1次或2次。

2. 治糖尿病：土花粉叶10克，地瓜藤叶15克，水煎代茶饮。

032

朴树（黄果朴、紫荆朴、小叶朴）

【学名】*Celtis sinensis* Pers.

【科属】榆科朴属

【生　　境】生于海拔100～1500米路边、山坡或林缘。

【分　　布】分布于广东等地。

【识别特征】高大落叶乔木，高达20米，一年生枝密被柔毛，芽鳞无毛。

叶	叶卵形或卵状椭圆形，先端尖或渐尖，基部近对称或稍偏斜，近全缘或中上部具圆齿。
花	花杂性，同株，1～3朵，生于当年枝的叶腋，黄绿色，花被片4，被毛，雄蕊4，柱头2。
果实	果单生叶腋，稀2～3集生，近球形，成熟时黄或橙黄色，具果柄；果核近球形，白色。
物候期	花期3～4月，果期9～10月。

【采收加工】叶：夏季采收，鲜用或晒干。树皮：全年均可采，洗净，切片，晒干。果实：冬季果实成熟时采，晒干。

【性味功能】叶：味微苦，性凉。清热，凉血，解毒。树皮：味辛、苦，性平。祛风透疹，消食化滞。根皮：味苦、辛，性平。祛风透疹，消食止泻。果实：味苦、涩，性平。清热利咽。

【主治用法】叶、树皮、根皮、果等入药。叶：主治漆疮、荨麻疹。树皮：主治麻疹透发不畅，消化不良。根皮：主治麻疹透发不畅、消化不良、食积泻痢、跌打损伤。果实：主治感冒、咳嗽、音哑。

【附　　方】1. 治漆疮、荨麻疹：（朴树）鲜叶，捣汁涂敷，或揉碎外擦。（《浙江药用植物志》）

2. 治感冒风寒、咳嗽声哑：（朴树）果6克。水煎服。（《广西本草选编》）

033

灰毛大青（毛赪桐、人瘦木、狮子球、六灯笼、粘毛贞桐、灰毛臭茉莉、毛贞桐、大花灯笼）

【学名】*Clerodendrum canescens* Wall. ex Walp.

【科属】马鞭草科大青属

【生　　境】生于海拔220～880米的山坡疏林中。

【分　　布】分布于广东等地。

【识别特征】灌木，高1～3.5米。

叶　　叶心形或宽卵形，先端渐尖，基部心形或近平截，两面均有柔毛，脉上密被灰褐色平展柔毛，背面尤显著；叶柄被柔毛。

花　　聚伞花序密集成头状，常2～5枝顶生；苞片卵形或椭圆形；花萼具5棱，疏被腺点，5深裂至萼的中部，裂片卵形或宽卵形，边缘重叠，花冠白或淡红色。

果实　　核果近球形，绿色，成熟时深蓝色或黑色，藏于红色增大的宿萼内。

物候期　花、果期4～10月。

【采收加工】夏、秋季采收，洗净，切段，晒干。

【性味功能】味甘、淡，性凉。清热解毒，凉血止血。

【主治用法】全株入药。主治感冒发热、赤白痢疾、肺痨咯血、疮疡。内服：煎汤，15～30克。

【附　　方】1. 治肺结核咯血：毛赪桐15～30克，煎汤内服。(《全国中草药汇编》)

2. 治咳嗽、感冒高热：毛赪桐15～30克，水煎服。(《香港中草药》)

034

肉桂（筒桂、桂皮、桂枝、玉桂、桂）

【学名】*Cinnamomum cassia* Presl

【科属】樟科樟属

【生　　境】为一栽培种。

【分　　布】分布于广东等地。

【识别特征】中等大乔木；树皮灰褐色，老树皮厚达13毫米。

叶	叶长椭圆形或近披针形，先端稍骤尖，基部楔形，下面疏被黄色绒毛，边缘内卷，离基三出脉；叶柄长1.2～2厘米，被黄色绒毛。
花	花序长8～16厘米，花序梗与序轴均被黄色绒毛；花梗被黄褐色绒毛；花被片卵状长圆形，两面密被黄褐色绒毛。
果实	果椭圆形，长约1厘米，黑紫色，无毛。
候物期	花期6～8月，果期10～12月。

【采收加工】当树龄10年以上，韧皮部已积成油层时可采剥，春秋季节均可剥皮，以秋季8～9月采剥的品质为优。

【性味功能】味辛、甘，性大热。补火助阳，引火归元，散寒止痛，温通经脉。

【主治用法】树皮入药。用于阳痿宫冷、腰膝冷痛、肾虚作喘、虚阳上浮、眩晕目赤、心腹冷痛、虚寒吐泻、寒疝腹痛、痛经经闭。内服：煎汤，2～5克，不宜久煎；研末，0.5～1.5克；或入丸剂。外用：研末，调敷；浸酒，涂擦。

【附　　方】1. 治寒性泄泻：肉桂、紫硇砂、干姜、荜茇、胡椒各等量。制成散剂。每次1.5～3克，每日1～3次，温开水送服。(《蒙医验方汇编》)

2. 治肺痈、多痰：沙棘30克，栀子、肉桂、木香、荜茇各20克。制成散剂。每次1.5～3克，每日1～3次，温开水送服。(《蒙医验方汇编》)

035

伞房花耳草（水线草）

【学名】*Hedyotis corymbosa* (L.) Lam.

【科属】茜草科耳草属

【生　　境】多见于水田和田埂或湿润的草地上。

【分　　布】分布于广东等地。

【识别特征】一年生、纤弱、蔓生草本。

叶	叶膜质或纸质，线形或线状披针形，长1～2.5厘米，宽1～3毫米，边缘粗糙，背卷，两面略粗糙或上面中脉凹下，有极稀疏柔毛，下面平或微凸，侧脉不明显；近无叶柄，托叶膜质，平截，长1～1.5毫米，有刺毛。
花	花序腋生，有2～4朵花，稀单花，花序梗长0.5～1厘米，线形，纤细；花萼长约2毫米，被微柔毛；花冠白或淡红色，筒状，长2～2.5毫米，冠筒喉部无毛，花冠裂片短于冠筒；雄蕊生于冠筒内，花丝极短，花药内藏，花柱中部被疏毛。
果实	蒴果球形，长宽均约1.8毫米，有数条不明显纵棱，成熟时顶部室背开裂。
物候期	花、果期几乎全年。

【采收加工】夏、秋季采收，除去杂质，晒干。

【性味功能】味微苦，性寒。清热解毒。

【主治用法】全草入药。主治疗疟疾、肠痈、肿毒、烫伤。15～30克，水煎服。外用鲜品适量，煎水洗。

036

决明（马蹄决明、假绿豆、假花生、草决明）

【学名】 *Senna tora* (Linnaeus) Roxburgh

【科属】 豆科番泻决明属

【生　　境】生于山坡、旷野及河滩沙地上。

【分　　布】分布于广东等地。

【识别特征】直立、粗壮、一年生亚灌木状草本，高1～2米。

叶	叶长4～8厘米；叶柄上无腺体；叶轴上每对小叶间有棒状的腺体1枚；小叶3对，基部渐狭，偏斜，上面被稀疏柔毛，下面被柔毛。
花	花腋生，通常2朵聚生；总花梗长6～10毫米；花梗丝状；萼片稍不等大，卵形或卵状长圆形，膜质，外面被柔毛；花瓣黄色，下面二片略长。
果实	荚果纤细，近四棱形，两端渐尖，膜质；种子约25颗，菱形，光亮。
物候期	花、果期8～11月。

【采收加工】秋季果实成熟后采收、晒干，打出种子，扬净荚壳及杂质，晒干。

【性味功能】味苦、甘、咸，性微寒。清肝明目、利水通便。

【主治用法】成熟种子入药。用于风热赤眼、高血压、肝炎、肝硬化腹水、习惯性便秘。内服：煎汤，6～15克，大量可用至30克；或研末；或泡茶饮。外用：适量，研末调敷。

【附　　方】1. 治急性结膜炎：决明子15克，菊花9克，谷草精9克，荆芥9克，黄连6克，木通12克。水煎服。(《四川中药志》)

2. 治夜盲症：决明子、枸杞子各9克，猪肝适量。水煎，食肝服汤。(《浙江药用植物志》)

037

米仔兰（米兰、碎米兰、兰花米、鱼子兰、树兰、暹罗花、山胡椒、小叶米仔兰）

【学名】*Aglaia odorata* Lour.

【科属】楝科米仔兰属

【生　　境】常生于低海拔山地的疏林或灌木林中。

【分　　布】分布于广东等地。

【识别特征】灌木或小乔木；茎多小枝，幼枝顶部被星状锈色的鳞片。

叶	复叶长5～12厘米，叶轴及叶柄具窄翅，小叶3～5片，对生，厚纸质，先端钝，基部楔形，两面无毛，侧脉8对。
花	圆锥花序腋生，长5～10厘米，无毛；花芳香，径约2毫米；雄花花梗纤细，长1.5～3毫米，两性花花梗稍粗短；花萼5裂，裂片圆形；花瓣5，黄色，长圆形或近圆形，长1.5～2毫米，顶端圆而平截。
果实	浆果，卵形或近球形，长0.8～1.2厘米，初被散生星状鳞片，后脱落。
物候期	花期夏秋。

【采收加工】枝叶：全年均可采，洗净，鲜用或晒干。花：夏季采收，将含苞待放的花，用竹竿轻轻打下，去净杂质，收集阴干。

【性味功能】枝叶：味辛，性微温。祛风湿，散瘀肿。花：味辛、甘，性平。行气宽中，宣肺止咳。

【主治用法】枝叶及花入药。枝叶：主治风湿关节痛、跌打损伤、痈疽肿毒。花：主治胸膈满闷、噎膈初起、感冒咳嗽。内服：煎汤，6～12克。外用：适量，捣敷；或熬膏涂。

【附　　方】1. 治跌打骨折、痈疮：米仔兰枝叶9～12克。水煎服。并用鲜叶捣烂，调酒，炒热外敷。(《广西本草选编》)

2. 治气郁胸闷，食滞腹胀：米仔兰花3～9克。水煎服。(《广西本草选编》)

038

羽芒菊

【学名】*Tridax procumbens* L.

【科属】菊科羽芒菊属

【生　　境】生于低海拔旷野、荒地、坡地以及路旁阳处。

【分　　布】分布于广东等地。

【识别特征】多年生铺地草本。

叶　中部叶披针形或卵状披针形，边缘有粗齿和细齿，基部渐窄或近楔形，叶柄长达1厘米：上部叶卵状披针形或窄披针形，有粗齿或基部近浅裂，具短柄。

花　头状花序少数，单生茎、枝顶端，被白色疏毛；总苞钟形，总苞片2～3层，外层绿色，卵形或卵状长圆形，背面被密毛，内层长圆形，无毛，最内层线形，鳞片状；雌花1层，舌状，舌片长圆形，先端2～3浅裂；两性花多数，花冠管状，被柔毛。

果实　瘦果陀螺形或倒圆锥形，稀圆柱状，密被疏毛；冠毛上部污白色，下部黄褐色。

物候期　花期11月至翌年3月。

【性味功能】味甘、苦，性凉。清热解毒，利水消肿。

【主治用法】用于消炎降火。

【附　　方】羽芒菊、鸡屎藤、鱼腥草各50克，桑白皮25克。水煎服。肾亏虚寒者慎用。

039

红背山麻秆（红背叶、红背娘、红帽顶、红罗裙）

【学名】*Alchornea trewioides* (Benth.) Muell. Arg.

【科属】大戟科山麻秆属

【生　　境】生于路旁灌丛或林下。

【分　　布】分布于广东各地。

【识别特征】落叶灌木，高1～2米。

叶	叶卵形，长8～15厘米，先端骤尖或渐尖，基部近平截或浅心形，具4个斑状腺体，下面淡红色，沿脉被微柔毛，基脉3出，小托叶2，披针形；叶柄长7～12厘米，托叶钻状。
花	雌雄异株；雄花序穗状，长7～15厘米，具微柔毛；苞片三角形，雄花3～15朵簇生苞腋。
果实	蒴果近球形，径约1厘米，被微柔毛，种子具瘤体。
物候期	花期3～5月，果期6～8月。

【采收加工】春、夏季采叶，洗净，鲜用或晒干。全年均可采根，洗净，晒干。

【性味功能】味甘，性凉。清热利湿，凉血解毒，杀虫止痒。

【主治用法】主治痢疾、热淋、石淋、血尿、崩漏、带下、风疹、湿疹、疥癣、龋齿痛、下疮。内服：煎汤，15～30克；外用：适量，鲜叶捣敷或煎水洗。

【附　　方】1. 治疮：（红背山麻秆）叶研粉撒布患处。（《广西本草选编》）

2. 治龋齿痛：（红背山麻秆）鲜叶适量，加盐少许同捣烂，塞龋洞内。（《广西本草选编》）

040

扭肚藤（假素馨、白花菜、毛毛茶）

【学名】*Jasminum elongatum* (Bergius) Willdenow

【科属】木樨科素馨属

【生　　境】生海拔850米以下的灌木丛、混交林及沙地。

【分　　布】分布于广东等地。

【识别特征】攀援灌木，高1～7米。小枝圆柱形，疏被短柔毛至密被黄褐色绒毛。

叶	叶对生，单叶，叶片纸质，卵形、狭卵形或卵状披针形基部圆形、截形或微心形，两面被短柔毛。
花	聚伞花序密集，顶生或腋生，通常着生于侧枝顶端，有花多朵；花冠白色，高脚碟状。
果实	果长圆形或卵圆形，长1～1.2厘米，径5～8毫米，呈黑色。
物候期	花期4～12月，果期8月至翌年3月。

【采收加工】夏、秋季采收，鲜用或晒干。

【性味功能】味微苦，性凉。清热，利湿，解毒。

【主治用法】枝叶入药。主治湿热泻痢、腹痛里急后重、风湿热痹、四肢肿痛、瘰疬、疮疥。内服：煎汤，15～30克。外用：适量，煎水洗、研末撒，或捣敷。

【附　　方】1. 治急性胃肠炎、痢疾：扭肚藤15～30克。水煎服。（《广西本草选编》）

2. 治湿热腹痛：扭肚藤适量，煎水服，连服1～2次。（《岭南草药志》）

041

芙蓉菊（香菊、玉芙蓉、千年艾、蕲艾）

【学名】*Crossostephium chinense* Makino

【科属】菊科芙蓉菊属

【生　　境】生于山坡路边、海滩石隙中。

【分　　布】分布于广东等地。

【识别特征】半灌木，高10～60厘米。

叶　　叶聚生枝顶，狭匙形或狭倒披针形，长2～4厘米，宽5～4毫米，全缘或有时3～5裂，顶端钝，基部渐狭，两面密被灰色短柔毛，质地厚。

花　　头状花序盘状，直径约7毫米，有长6～15毫米的细梗，生于枝端叶腋，排成有叶的总状花序；总苞半球形；总苞片3层，外中层等长，椭圆形，钝或急尖，叶质，内层较短小，矩圆形，几无毛，具宽膜质边缘。边花雌性，1列，花冠管状，长1.5毫米，顶端2～3裂齿，具腺点；盘花两性，花冠管状，长1.5毫米，顶端5裂齿，外面密生腺点。

果实　　瘦果矩圆形，长约1.5毫米，基部收狭，具5棱，被腺点；冠状冠毛长约0.5毫米，撕裂状。

物候期　　花、果期全年。

【采收加工】全年均可采，洗净，切片，鲜用或晒干。

【性味功能】味辛、苦，性微温。祛风除湿，温中止痛。

【主治用法】叶、根入药。主治风湿痹痛、脘腹冷痛、痈肿疔毒等。

【附　　方】1. 治疔：芙蓉菊鲜叶、野菊鲜叶。捣烂，调蜜敷患处。（《浙江药

用植物志》)

2. 治风湿痹痛：芙蓉菊鲜根45克，猪脚1只。酒水各半炖服。(《浙江药用植物志》)。

042

扛板归（杠板归、蛇倒退、贯叶蓼、河白草、梨头刺、蛇不过、老虎舌）

【学名】*Persicaria perfoliata* (L.) H. Gross

【科属】蓼科蓼属

【生　　境】生于荒芜的沟岸、河边及村庄附近。

【分　　布】分布于广东等地。

【识别特征】一年生草本。茎攀援，多分枝，长1～2米，具纵棱，沿棱具稀疏的倒生皮刺。

叶	叶三角形，先端钝或微尖，基部近平截，下面沿叶脉疏生皮刺，托叶鞘叶状，草质，圆形或近圆形，穿叶。
花	总状花序短穗状，顶生或腋生，花被5深裂，白色或淡红色，花被片椭圆形，果时增大，呈肉质，深蓝色。
果实	瘦果球形，黑色，有光泽，包于宿存花被内。
物候期	花期6～8月，果期7～10月。

【采收加工】干燥地上部分，夏季开花时采割，干燥。

【性味功能】味酸，性微寒。利水消肿，清热解毒，散瘀止血。

【主治用法】地上部分入药。用于肾炎水肿、上呼吸道感染、百日咳、泻痢、湿疹、疖肿、毒蛇咬伤、吐血、便血。内服：煎汤，10～15克，鲜品加倍。外用：适量，捣烂敷或水煎熏洗。

【附　　方】1. 治黄水疮：蛇倒退叶（为细末）30克，冰片1.5克，混合，调麻油涂搽。(《贵阳民间药草》)

2. 治湿疹、脓胞疮：鲜杠板归全草60克，水煎服。(《草药彩色图集》)

043

牡荆（荆、蚊香草、铺草、午时草、洋公柴、土柴胡、黄荆条）

【学名】*Vitex negundo* var. *cannabifolia* (Sieb.et Zucc.) Hand.-Mazz

【科属】马鞭草科牡荆属

【生　　境】生于山坡灌丛中。

【分　　布】分布于广东等地。

【识别特征】落叶灌木或小乔木。

叶	掌状复叶，对生；小叶5，稀为3，中间1枚最大；叶片披针形或椭圆状披针形，基部楔形，边缘具粗锯齿，先端渐尖，表面绿色，背面淡绿色，通常被柔毛。
花	圆锥花序顶生，长10～20厘米；花萼钟状，先端5齿裂；花冠浅紫色，先端5裂，二唇形。
果实	果实球形，黑色。
物候期	花期6～7月，果期8～11月。

【采收加工】根：秋后采收，洗净，切片，晒干。茎：夏、秋季采收，切断晒干。叶：夏、秋季叶茂盛时采收，除去茎枝。果实：秋季果实成熟时采收，用手搓，扬净，晒干。

【性味功能】根：味微苦，性温。祛风解表，除湿止痛。茎：味辛、微苦，性平。祛风解表，消肿解痛。叶：味微苦，性平。祛痰，止咳，平喘。果实：味苦、辛，性温。化痰祛湿，止咳平喘，理气止痛。

【主治用法】根、茎、新鲜叶及果实入药。根：主治感冒头痛、牙痛、疟痛、风湿痹痛。茎：主治感冒、牙痛、喉痹、脚气、烧伤。叶：主治咳嗽痰多。果实：主治咳嗽气喘、胃痛、泄泻、痢疾、疝气痛、脚气肿胀、白带、白浊。

【附　　方】1. 治寒咳、哮喘：牡荆子12克。炒黄研末，每次6～9克，每日3次，开水次，开水送服。(《江西草药》)

2. 治小肠疝气：牡荆子120克，炒熟，入酒一盏，煎一沸，热服。(《本草纲目》)

044

何首乌（夜交藤、紫乌藤、多花蓼、桃柳藤、九真藤）

【学名】*Pleuropterus multiflorus* (Thunb.) Nakai

【科属】蓼科何首乌属

【生　　境】生于草坡、路边、山坡石隙及灌木丛中。

【分　　布】分布于广东各地。

【识别特征】根细长，末端成肥大的块根，外表红褐色至暗褐色。

叶　　叶卵形或长卵形，顶端渐尖，基部心形或近心形，两面粗糙，边缘全缘；叶柄长1.5～3厘米；托叶鞘膜质，偏斜，无毛。

花　　花序圆锥状，顶生或腋生，分枝开展，具细纵棱，沿棱密被小突起；苞片三角状卵形，具小突起，顶端尖，每苞内具2～4花；花梗细弱，下部具关节，果时延长；花被5深裂，白色或淡绿色，花被片椭圆形，大小不相等，外面3片较大、背部具翅，果时增大，花被果时外形近圆形；雄蕊8，花丝下部较宽；花柱3，极短，柱头头状。

果实　　瘦果卵形，具3棱，黑褐色，有光泽，包于宿存花被内。

物候期　　花期8～9月，果期9～10月。

【采收加工】秋、冬二季叶枯萎时采挖，削去两端，洗净，个大的切成块，干燥。

【性味功能】味苦、甘、涩，性微温。解毒，消痈，截疟，润肠通便。

【主治用法】块根入药。主治疮痈、瘰疬、风疹瘙痒、久疟体虚、肠燥便秘。

【附　　方】1. 治血虚发白：何首乌、鸡血藤各15克，水煎服。（《苗族医药学》）

2. 治梦遗：螺蛳肉、何首乌各16克，猪外肾一副，共捣烂，炖汤内服，1次服完。（《贵州民间方药集》）

含笑（含笑花、香蕉花）

【学名】*Michelia figo* (Lour.) Spreng.

【科属】木兰科含笑属

【生　　境】生于阴坡杂木林中，溪谷沿岸尤为茂盛。

【分　　布】分布于广东等地。

【识别特征】常绿灌木，高2～3米，树皮灰褐色，分枝繁密，芽、嫩枝、叶柄、花梗均密被黄褐色绒毛。

叶	叶革质，狭椭圆形或倒卵状椭圆形，先端钝短尖，基部楔形或阔楔形，上面有光泽，无毛，下面中脉上留有褐色平伏毛，余脱落无毛，托叶痕长达叶柄顶端。
花	花直立，淡黄色而边缘有时红色或紫色，具甜浓的芳香，花被片6，肉质，较肥厚，长椭圆形。
果实	聚合果长2～3.5厘米；蓇葖卵圆形或球形，顶端有短尖的喙。
物候期	花期3～5月，果期7～8月。

【性味功能】味辛、苦，性温。祛瘀生新，活血止痛。

【主治用法】花入药。临床上主要用于治月经不调、痛经、胸胁间作痛。

046

鸡骨香（山豆根、木沉香、土沉香、驳骨消、滚地龙、黄牛香、鸡脚香、矮脚猪、滚地龙、透地龙、过山香、金锦枫）

【学名】*Croton crassifolius* Geisel.

【科属】大戟科巴豆属

【生　　境】生于沿海丘陵山地较干旱山坡的灌木丛中。

【分　　布】分布于广东等地。

【识别特征】灌木，高20～50厘米。

叶	叶卵形或长圆形，长4～10厘米，先端钝或短尖，基部近圆或微心形，近全缘或具细齿，齿间有时具腺体，基脉3出；叶柄长2～4厘米，叶柄顶端或叶基部有2枚具柄杯状腺体。
花	花序总状；苞片具线形撕裂齿，齿端有头状腺体；雄花萼片和花瓣近等长；花柱4深裂。
果实	蒴果近球形，径约1厘米，被星状毛。
物候期	花期11月至翌年6月。

【采收加工】全年均可挖根，切片，晒干。

【性味功能】味微苦、辛，性温，有小毒。有理气止痛、舒筋活络、祛风除湿之疗效。

【主治用法】根入药。主治脘腹胀痛、风湿痹痛、疝痛、痛经、咽喉肿痛及跌打肿痛。内服：煎汤，6～15克；或研末0.9～1.5克；或浸酒。外用：研末调敷。内服不可过量或久服，孕妇慎用。

【附　　方】治胃、十二指肠溃疡：鸡骨香、两面针、高良姜、乌贼骨粉各6克，石菖蒲、甘草各3克。共为细末，炼蜜为丸，每丸重6克。每服1丸，每日3次，15日为1疗程。（《全国中草药编》）

047

鸡蛋花（缅栀子、蛋黄花、擂捶花、鸭脚木、大季花、番缅花、蕃花、善花仔）

【学名】*Plumeria rubra* L.

【科属】夹竹桃科鸡蛋花属

【生　　境】栽培。

【分　　布】分布于广东等地。

【识别特征】落叶小乔木，高约5米。

叶	叶厚纸质，长圆状倒披针形或长椭圆形，顶端短渐尖，基部狭楔形，叶面深绿色，叶背浅绿色，两面无毛；叶柄上面基部具腺体，无毛。
花	花冠外面白色，花冠筒外面及裂片外面左边略带淡红色斑纹，花冠内面黄色，花冠筒圆筒形，外面无毛，内面密被柔毛。
果实	蓇葖果双生，广歧，圆筒形，向端部渐尖；栽培者极少结果。
物候期	花期5～10月，果期一般为7～12月。

【采收加工】夏、秋季采茎皮，花开时采花，晒干或鲜用。

【性味功能】味甘、微苦，性凉。清热，利湿，解暑。

【主治用法】花朵或茎皮入药。主治感冒发热、肺热咳嗽、湿热黄疸、泄泻痢疾、尿路结石，预防中暑。

【附　　方】1. 治痢疾、夏季腹泻：鸡蛋花干品12～24克。水煎服。（《全国中草药汇编》）

2. 治感冒发烧：鸡蛋花叶15～30克。水煎服。（《广西本草选编》）

048

玫瑰茄（山茄子、洛神花）

【学名】*Hibiscus sabdariffa* L.

【科属】锦葵科木槿属

【生　　境】栽培。

【分　　布】分布于广东等地。

【识别特征】一年生直立草本，高达2米，茎淡紫色，无毛。

叶	叶异型，下部的叶卵形，不分裂，上部的叶掌状3深裂，裂片披针形，花萼杯状，淡紫色；基部圆形至宽楔形，两面均无毛。
花	花单，生于叶腋，近无梗；小苞片8～12，红色，肉质，披针形，花黄色，内面基部深红色。
果实	蒴果卵球形，直径约1.5厘米，密被粗毛，果爿5；种子肾形，无毛。
物候期	花期7～10月。

【采收加工】11月中、下旬，叶黄籽黑时，将果枝剪下，摘取花萼连同果实，晒1日，待缩水后脱出花萼，置干净草席或竹箩上晒干。

【性味功能】味酸，性凉。敛肺止咳，降血压，解酒。

【主治用法】入药部位为玫瑰茄的花萼。用于肺虚咳嗽、高血压、醉酒。内服：煎汤，9～15克；或开水泡。

【附　　方】1. 福寿胶囊：滋补肝肾，调养脏腑。巴戟天（去木心）、何首乌（制）、枸杞子、绞股兰、玫瑰茄、余甘子、灵芝（切小块）、黑豆。口服，一次4粒，一日3次。（《中华人民共和国卫生部药品标准中药成方制剂第十八册》）

2. 山茄子清凉颗粒：清热解暑，开胃生津。本品为玫瑰茄制成的颗粒。开水冲服，一次15克，一日1～3次。（《中华人民共和国卫生部药品标准中药成方制剂第十七册》）

049

杯苋（蛇见怕、镜面草、蛇惊慌、细叶蛇总管、拔子弹草、小马鞭草、细样倒扣草）

【学名】*Cyathula prostrata* (L.) Blume

【科属】苋科杯苋属

【生　　境】生于山坡灌丛或小河边。

【分　　布】分布于广东等地。

【识别特征】多年生草本，高30～50厘米；根细长；茎上升或直立，钝四棱形，具分枝，有灰色长柔毛，节部带红色，加粗，基部数节生不定根。

叶　叶片菱状倒卵形或菱状矩圆形，长1.5～6厘米，宽6～30毫米，顶端圆钝，微凸，中部以下骤然变细，基部圆形，上面绿色，幼时带红色，下面苍白色，两面有长柔毛，具缘毛；叶柄长1～7毫米，有长柔毛。

花　总状花序由多数花丛而成，顶生和最上部叶腋生，直立，最上部花丛仅有1朵两性花，而无不育花；两性花的花被片卵状矩圆形，淡绿色，顶端渐尖，具凸尖，外面有白色长柔毛，内面无毛。

果实　胞果球形，直径约0.5毫米，无毛，带绿色，基部有长柔毛。种子卵状矩圆形，极小，褐色，光亮。

物候期　花、果期6～11月。

【采收加工】夏季植株生长盛期采收，除去泥土，鲜用或晒干用。

【性味功能】味苦，性凉。地上部分：清热解毒，活血散瘀。根：清肠利湿。

【主治用法】地上部分及根入药。地上部分：主治痈疮肿毒、毒蛇咬伤、跌打瘀肿。内服：煎汤，30～60克。外用：适量，捣敷。根：主治痢疾。内服：煎汤，9～15克。

【附　　方】治跌打瘀肿、疮疡肿毒：用鲜茎、叶同酒糟捣烂外敷。(《广西本草选编》)

050

刺苋（勒苋菜、竻苋菜）

【学名】*Amaranthus spinosus* L.

【科属】苋科苋属

【生　　境】生在旷地或园圃的杂草中。

【分　　布】分布于广东等地。

【识别特征】一年生草本，高30～100厘米；茎直立，圆柱形或钝棱形，多分枝，有纵条纹，绿色或带紫色，无毛或稍有柔毛。

叶	叶片菱状卵形或卵状披针形，顶端圆钝，具微凸头，基部楔形，全缘，无毛或幼时沿叶脉稍有柔毛；叶柄无毛，在其旁有2刺。
花	圆锥花序腋生及顶生，下部顶生花穗常全部为雄花；在顶生花穗的上部者狭披针形；花被片绿色，顶端急尖，具凸尖，边缘透明，中脉绿色或带紫色。
果实	胞果矩圆形，在中部以下不规则横裂，包裹在宿存花被片内；种子近球形，黑色或带棕黑色。

【采收加工】夏、秋季采收。去除杂质，切段。

【性味功能】味甘、淡，性凉。清热利湿，解毒消肿，凉血止血。

【主治用法】全草或根入药。主治胃出血、便血、痔血、胆囊炎、胆石症、痢疾、湿热泄泻、带下、小便涩痛、咽喉肿痛、湿疹、痈肿、牙龈糜烂、蛇咬伤。内服：煎汤，9～15克，鲜品30～60克。外用：适量，捣敷；或煎汤熏洗。

【附　　方】1. 治痢疾、肠炎：刺苋菜、旱莲草、凤尾草各30克。水煎服。（《草药手册》）

2. 治胃、十二指肠溃疡出血：刺苋菜根30～60克，水煎2次分服。（《草药手册》）

051

刺蒴麻（细种苍耳子、细叶痴头猛、黄花虱麻头、细号虱母头、黄花虱母头、黄花地桃花）

【学名】*Triumfetta rhomboidea* Jacq.

【科属】椴树科刺蒴麻属

【生　　境】生于林边灌丛中。

【分　　布】分布于广东等地。

【识别特征】亚灌木，高约1米。

叶	叶纸质，茎下部叶宽卵圆形，先端3裂，基部圆；茎上部叶长圆形，下面被柔毛，基出脉3～5，两侧脉直达裂片尖端，边缘有不规粗锯齿。
花	聚伞花序数枝腋生：花序梗及花梗均极短；萼片窄长圆形，先端有角；花瓣短于萼片，黄色；雄蕊10；子房有刺毛。
果实	蒴果球形，不裂，具钩刺；有2～6颗种子。
物候期	花期夏、秋。

【采收加工】冬季或早春萌发前取根部，洗净泥沙，切片，鲜用或晒干。全草，全年皆可采收，切段，鲜用或晒干。

【性味功能】味苦，性微寒。清热利湿，通淋化石。

【主治用法】根及全草入药。主治风热感冒、痢疾、泌尿系结石、疮疖、毒蛇咬伤。内服：煎汤；外用：适量，鲜叶捣敷。

【附　　方】1. 治泌尿系结石：刺蒴麻60克，水煎服；3天后加金钱草60克，车前草60克，同煎服。(《福建药物志》)

2. 治感冒风热：刺蒴麻根、鬼针草各30克，金丝草、鸭脚木各15克，水煎服。(《香港中草药手册》)

052

金丝桃（土连翘、五心花、金丝海棠、木本黄开口、金丝蝴蝶、小狗木、狗胡花、金丝莲）

【学名】*Hypericum monogynum* L.

【科属】藤黄科金丝桃属

【生　　境】生于山坡、路旁或灌丛中。

【分　　布】分布于广东等地。

【识别特征】灌木，高达1.3米。

叶　叶倒披针形、椭圆形或长圆形，稀披针形或卵状三角形，具小突尖，基部楔形或圆，上部叶有时平截至心形，第三级网脉密集，不明显；近无柄。

花　花序近伞房状，具1～15花。花星状；花瓣金黄或橙黄色，三角状倒卵形，无腺体。

果实　蒴果宽卵球形，稀卵状圆锥形或近球形。

【采收加工】四季均可采收，洗净，晒干。

【性味功能】味苦，性凉。清热解毒，散瘀止痛，祛风湿。

【主治用法】全株入药。主治肝炎、肝脾肿大、急性咽喉炎、结膜炎、疮疖肿毒、蛇咬及蜂螫伤、跌打损伤、风寒性腰痛。

【附　　方】1. 治肝炎：金丝桃鲜根30～60克，煎水煮鸡蛋服；另与红枣煮饭吃2～3次。(《草药手册》)

2. 治风湿性腰痛：金丝桃根30克，鸡蛋2只，水煎2小时，食蛋和汤。(《浙江民间常用草药》)

053

金线草（重阳柳、蟹壳草、毛蓼）

【学名】*Persicaria filiformis* (Thunb.) Nakai

【科属】蓼科蓼属

【生　　境】生于山地林缘、路旁阴湿地。

【分　　布】分布于广东等地。

【识别特征】多年生草本。茎直立，具糙伏毛，有纵沟，节部膨大。

叶	叶椭圆形或长椭圆形，顶端短渐尖或急尖，基部楔形，全缘，两面均具糙伏毛；叶柄具糙伏毛；托叶鞘筒状，膜质，褐色，具短缘毛。
花	总状花序呈穗状，通常数个，顶生或腋生；花被4深裂，红色，花被片卵形。
果实	瘦果卵形，双凸镜状，褐色，有光泽，长约3毫米，包于宿存花被内。
物候期	花期7～8月，果期9～10月。

【采收加工】7～10月采收，晒干或鲜用。

【性味功能】味辛、苦，性凉，有小毒。凉血止血，清热利湿，散瘀止痛。

【主治用法】全草入药。主治咳血、吐血、便血、血崩、泄泻、痢疾、胃痛、经期腹痛、产后血瘀腹痛、跌打损伤、风湿痹痛、痈肿。内服：煎汤，9～30克。外用：煎水洗或捣敷。

【附　　方】1. 治初期肺痨咯血：金线草茎叶30克，水煎服。（《草药手册》）

2. 治痢疾：鲜金线草、龙芽草各30克，水煎服。（《福建药物志》）

054

金腰箭（苦草、水慈姑、猪毛草）

【学名】*Synedrella nodiflora* (L.) Gaertn.

【科属】菊科金腰箭属

【生　　境】生于旷野、耕地、路旁及宅旁，繁殖力极强。

【分　　布】分布于广东等地。

【识别特征】一年生草本。

叶	下部和上部叶具柄，宽卵形或卵状披针形，连叶柄，基部下延成翅状宽柄，两面被贴生、基部疣状糙毛。
花	头状花序，常2～6簇生叶腋，或在顶端成扁球状，稀单生；小花黄色；总苞卵圆形或长圆形，总苞片数个，外层绿色，卵状长圆形或披针形，被贴生糙毛，内层干膜质，长圆形或线形，背面被疏糙毛或无毛；舌状花连管部长约1厘米，舌片椭圆形；管状花檐部4浅裂。
果实	雌花瘦果倒卵状长圆形，扁平，深黑色，边缘有增厚、污白色宽翅，翅缘各有6～8个长硬尖刺；冠毛2，挺直，刚刺状，向基部粗厚，顶端锐尖；两性花瘦果倒锥形或倒卵状圆柱形，黑色，有纵棱，腹面压扁，两面有疣状突起，腹面突起粗密。
物候期	花期6～10月。

【采收加工】春、夏季采收，鲜用或切段晒干。

【性味功能】味微辛、微苦，性凉。清热透疹，解毒消肿。

【主治用法】全草入药。主治感冒发热、瘢疹、疮痈肿毒。

【附　　方】治痈肿疔疮：金腰箭鲜叶加食盐少许，捣烂外敷。(《广西本草选编》)

055

夜香牛（缩盖斑鸠菊、染色草、伤寒草、消山虎、假咸虾花、寄色草、小花夜香牛）

【学名】*Cyanthillium cinereum* (L.) H. Rob.

【科属】菊科夜香牛属

【生　　境】生于丘陵、坡地、路边、屋旁等处。

【分　　布】分布于广东等地。

【识别特征】一年生或多年生草本。

叶	下部和中部叶具柄，菱状卵形、菱状长圆形或卵形，基部窄楔状成具翅柄；上部叶窄长圆状披针形或线形，近无柄。
花	头状花序，具19～23花，多数在枝端成伞房状圆锥花序；花序梗细长，具线形小苞片或无苞片，被密柔毛；总苞钟状；总苞片4层，绿色或近紫色，背面被柔毛和腺，外层线形，中层线形，内层线状披针形，先端刺尖；花淡红紫色。
果实	瘦果圆柱形，被密白色柔毛和腺点；冠毛白色，2层，外层多数而短，宿存。
物候期	花期全年。

【采收加工】夏、秋二季采收，除去泥沙，晒干。

【性味功能】味苦、辛，性凉。疏风清热，除湿，解毒。

【主治用法】全草入药。用于神经衰弱、感冒发热、肺热咳嗽、湿热泄泻、热毒泻痢、湿热黄疸、带下黄臭、疮痈肿毒、毒蛇咬伤。

【附　　方】1. 治高热、咳嗽、喉头炎、支气管炎：伤寒草、甜珠草各60克。水煎服。(《台湾青草药》)

2. 治神经衰弱：夜香牛、豨莶草各15克，四叶萍、酢浆草各12克，益智仁6克。水煎服。(《全国中草药汇编》)

056

单色蝴蝶草（倒地蜈蚣、蓝猪耳）

【学名】*Torenia concolor* Lindl.

【科属】玄参科蝴蝶草属

【生　　境】生于林下、山谷及路旁。

【分　　布】分布于广东等地。

【识别特征】匍匐草本；茎具4棱，节上生根；分枝上升或直立。

叶　叶片三角状卵形或长卵形，稀卵圆形，先端钝或急尖，基部宽楔形或近于截形，边缘具锯齿或具带短尖的圆锯齿，无毛或疏被柔毛。

花　单朵腋生或顶生，稀排成伞形花序；花萼具5枚宽稍超过1毫米之翅，基部下延；花冠蓝或蓝紫色；前方1对花丝各具1枚线状附属物。

果实　果实成熟时裂成5枚小齿。

物候期　花、果期5～11月。

【采收加工】夏、秋季采收，晒干。

【性味功能】味苦，性凉。清热利湿，止咳止呕。

【主治用法】全草入药。主治黄疸、血淋、呕吐、腹泻、风热咳嗽、跌打损伤、蛇伤、疔毒。内服：煎汤，6～9克。外用：鲜品适量，捣敷。

【附　　方】1. 治黄疸：单色蝴蝶草15克，栀子3个。水煎服。（《贵州草药》）

2. 治跌打损伤：单色蝴蝶草60克。泡酒服。（《贵州草药》）

057

草胡椒（透明草、软骨草）

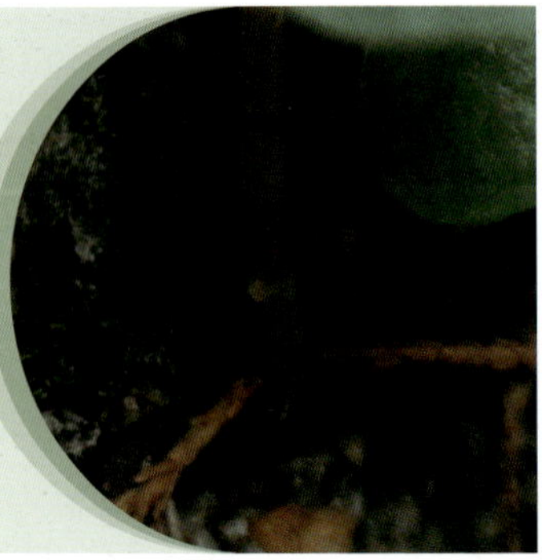

【学名】*Peperomia pellucida* (L.) Kunth

【科属】胡椒科草胡椒属

【生　　境】生于林下湿地、石缝中或宅舍墙脚下。

【分　　布】分布于广东等地。

【识别特征】一年生肉质草本，高达40厘米。

叶	叶互生，膜质，半透明，宽卵形或卵状三角形，先端短尖或钝，基部心形，基出脉5～7，网脉不明显。
花	穗状花序顶生或与叶对生，细弱，花疏生；苞片近圆形，具短柄；柱头被柔毛。
果实	小坚果球形。
物候期	花期4～7月。

【采收加工】夏、秋季采，洗净，晒干。

【性味功能】味辛，性凉。散瘀止痛，清热解毒。

【主治用法】全草入药。主治痈肿疮毒、烧烫伤、跌打损伤、外伤出血。内服：煎汤，15～30克。外用：适量，鲜品捣敷或加酒调敷；亦可捣烂绞汁涂。

【附　　方】1. 治烧、烫伤：鲜草胡椒适量。捣烂绞汁外涂。（《广西本草选编》）

2. 治跌打肿痛：鲜草胡椒适量。捣烂，加酒调外敷。（《广西本草选编》）

058

南丹参（土丹参、丹参、赤参、紫丹参、八莲麻、七里麻、七里蕉、紫根、木羊乳、红根、奔马草、鼠尾草）

【学名】*Salvia bowleyana* Dunn

【科属】唇形科鼠尾草属

【生　　境】生于山地、山谷、路旁、林下或水边，海拔30～960米。

【分　　布】分布于广东等地。

【识别特征】多年生草本；根肥厚，外表红赤色，切面淡黄色。茎粗大，高约1米，钝四棱形，具四槽，被下向长柔毛。

叶　叶为一回羽状复叶，顶生小叶卵圆状披针形，先端渐尖或尾状渐尖，基部圆形或浅心形或稍偏斜，边缘具圆齿状锯齿或锯齿，草质，两面除脉上略被小疏柔毛外余部均无毛。

花　轮伞花序总状或总状圆锥花序，密被长柔毛及腺长柔毛；苞片披针形，全缘，具缘毛；花冠紫或蓝紫色，上唇稍镰形，下唇长圆形。

果实　小坚果椭圆形，长约3毫米，褐色，顶端有毛。

物候期　花期3～7月。

【采收加工】秋季采挖，除去茎叶及须根，洗净，晒干。

【性味功能】味苦，性微寒。活血化瘀，调经止痛。

【主治用法】根入药。用于胸痹绞痛、心烦、心悸、脘腹疼痛、月经不调、痛经、经闭、产后瘀滞腹痛、崩漏、肚脾肿大、关节痛、疝气痛、疮肿。内服：煎汤，9～15克；或入丸、散。

【附　　方】治痛经：南丹参15克，乌豆30克。水煎服。（《福建药物志》）

059

威灵仙（移星草、九里火、乌头力刚、白钱草、青风藤、铁脚威灵仙、粉威仙）

【学名】*Clematis chinensis* Osbeck

【科属】毛茛科铁线莲属

【生　　境】生于山坡、山谷灌丛中或沟边、路旁草丛中。

【分　　布】分布于广东等地。

【识别特征】木质藤本。干后变黑色。茎、小枝近无毛或疏生短柔毛。

叶　一回羽状复叶，有5小叶；小叶片纸质，卵形至卵状披针形，或为线状披针形、卵圆形，基部圆形、宽楔形至浅心形，全缘，两面近无毛，或疏生短柔毛。

花　常为圆锥状聚伞花序，多花，腋生或顶生；萼片4，开展，白色，长圆形或长圆状倒卵形，顶端常凸尖，外面边缘密生绒毛或中间有短柔毛。

果实　瘦果扁，3～7个，卵形至宽椭圆形，长5～7毫米，有柔毛，宿存花柱长2～5厘米。

物候期　花期6～9月，果期8～11月。

【采收加工】根及根茎：秋季挖出，去净茎叶，洗净泥土，晒干，或切成段后晒干。叶：夏、秋季采叶，鲜用或晒干。

【性味功能】根及根茎：味辛、苦，性温。祛风除湿，通络止痛。叶：味辛、苦，性平。利咽，解毒，活血消肿。

【主治用法】根及根茎、叶入药。用于风湿痹痛、肢体麻木、筋脉拘挛、屈伸不利、骨鲠咽喉。内服：煎汤，6～9克，治骨鲠咽喉可用至30克；或入丸、散；或浸酒。外用：捣敷，或煎水熏洗，或作发泡剂。叶：上治咽喉肿痛、喉痹、喉蛾、鹤膝风、麦粒肿、结膜炎等。内服：煎汤，15～30克；或浸酒。外用：发泡，取鲜叶适量，捣烂敷贴于一定穴位，经30分钟左右，局部有轻度辣感时去掉药物，约1日后局部起小水泡。

【附　　方】1. 治手足麻痹，时发疼痛，或打扑伤损，痛不可忍；或瘫痪等症：威灵仙（炒）150克，生川乌头、五灵脂各120克。为末，醋糊丸，梧子大。每服七丸，用盐汤下。忌茶。（《普济方》）

2. 治咽喉炎：鲜威灵仙叶，洗净捣烂，布包绞汁。将4～5厘米长消毒棉绒捻成条（适合患者鼻孔大小）。头浸透威灵仙叶汁，塞入鼻孔，达上鼻道(左痛塞左，右痛塞右)。约4～6分钟，患者即流泪，打喷嚏，到30分钟左右，症状可显著减轻，如未愈。须隔4～6小时再用前法治疗。（《全国中草药汇编》）

060

星宿菜（大田基黄、红脚兰）

【学名】*Lysimachia fortunei* Maxim.

【科属】报春花科珍珠菜属

【生　　境】生于沟边、田边等低湿处。

【分　　布】分布于广东等地。

【识别特征】多年生草本，全株无毛。根状茎横走，紫红色。茎直立，高30～70厘米，圆柱形，有黑色腺点，基部紫红色，通常不分枝，嫩梢和花序轴具褐色腺体。

叶	叶互生，近无柄；叶长圆状披针形、浅状披针形或窄椭圆形，先端渐尖或短渐尖；基部渐窄，两面均有黑色腺点，干后成粒状突起。
花	顶生总状花序，苞片披针形；花梗与苞片近等长或稍短；花萼裂片卵状椭圆形，有黑色腺点；雄蕊内藏，花丝贴生花冠裂片下部。
果实	蒴果球形。
物候期	花期6～8月，果期8～11月。

【采收加工】4～8月采收，鲜用或晒干。

【性味功能】味苦、辛，性凉。清热利湿，凉血活血，解毒消肿。

【主治用法】全草或带根全草入药。主治黄疸、泻痢、目赤、吐血、血淋、白带、崩漏、痛经、闭经、咽喉肿痛、痈肿疮毒、流火、瘰疬、跌打、蛇虫咬伤。

【附　　方】1. 治黄疸型肝炎：星宿菜根、野南瓜根、大青根、白茅根各30克，精肉90克。水炖服，每日1剂。(《草药手册》)

2. 治血痢：星宿菜60克。捣烂，用蜜糖或黄糖冲开水服。(《民间常用草药手册》)

061

幌伞枫（五加通、大蛇药、心叶幌伞枫、狭叶幌伞枫）

【学名】*Heteropanax fragrans* (Roxb.) Seem.

【科属】五加科幌伞枫属

【生　　境】生于森林中，庭园中偶有栽培，海拔数十米至1000米。

【分　　布】分布于广东省广州市、云浮市、湛江市徐闻县等地。

【识别特征】常绿乔木，高5～30米，胸径达70厘米，树皮淡灰棕色，枝无刺。

叶	叶大，三至五回羽状复叶，直径达50～100厘米；叶柄长15～30厘米，无毛或几无毛；托叶小，和叶柄基部合生；小叶片在羽片轴上对生，纸质，椭圆形。
花	伞形花序密集成头状，总状排列，组成顶生圆锥花序，密被锈色星状绒毛，后渐脱落；花梗长不及2毫米；花萼、花瓣均被毛。
果实	果实卵球形，略侧扁，长7毫米，厚3～5毫米，黑色，宿存花柱长约2毫米，果梗长约8毫米。
物候期	花期10～12月，果期翌年2～3月。

【采收加工】冬季挖取根部或剥取树皮，洗净，切片，鲜用或晒干。叶全年均可采，多鲜用。

【性味功能】味苦，性凉。清热解毒，消肿止痛。

【主治用法】根、树皮或叶入药。主治感冒发热、中暑头痛、痈疖肿毒、瘰疬、风湿痹痛、跌打损伤、毒蛇咬伤。煎汤，15～30克。外用：适量，捣敷；或煎汤洗。

【附　　方】治营养性水肿、肾炎、孕妇水肿：叶或树皮，水煎洗身。（《广西民族药简编》）

062

素馨花（玉芙蓉、素馨针、野悉蜜、耶悉茗花）

【学名】*Jasminum grandiflorum* L.

【科属】木樨科素馨属

【生　　境】生石灰岩山地，海拔约1800米。

【分　　布】分布于广东等地。

【识别特征】攀援灌木，高1～4米。小枝圆柱形，具棱或沟。

叶	叶对生，羽状深裂或具5～9小叶；小叶片卵形或长卵形，顶生小叶片常为窄菱形，先端急尖、渐尖、钝或圆，有时具短尖头，基部楔形、钝或圆。
花	聚伞花序顶生或腋生；花萼无毛，裂片锥状线形；花冠白色，高脚碟状，裂片多为5枚，长圆形。
物候期	花期8～10月。

【采收加工】8～10月花蕾形成后，选晴天，当太阳尚未升起时采摘花蕾，隔水蒸，晒干。

【性味功能】味苦，性平，无毒。疏肝解郁，行气止痛。

【主治用法】花蕾入药。主治肝郁气滞所致的胁肋脘腹作痛、下痢腹痛。内服：煎汤，5～10克；或代茶饮。

【附　　方】治消化不良、十二指肠球部溃疡，或慢性肝炎、肝硬化，症见脘腹胁痛偏于热者：素馨花9克，川朴6克，延胡索、佩兰各9克。水煎服。（《中药临床应用》）

063

翅荚决明（有翅决明、对叶豆）

【学名】*Senna alata* (Linnaeus) Roxburgh

【科属】豆科番泻决明属

【生　　境】生于疏林或较干旱的山坡上。

【分　　布】分布于广东等地。

【识别特征】直立灌木，高1.5～3米；枝粗壮，绿色。

叶　叶长30～60厘米；在靠腹面的叶柄和叶轴上有二条纵棱条，有狭翅，托叶三角形；小叶6～12对，薄革质，倒卵状长圆形或长圆形。

花　花序顶生和腋生，具长梗，单生或分枝；花瓣黄色，有明显的紫色脉纹；位于上部的3枚雄蕊退化，7枚雄蕊发育。

果实　荚果长带状，长10～20厘米，宽1.2～1.5厘米，每果瓣的中央顶部有直贯至基部的翅，翅纸质，具圆钝的齿。

种子　种子50～60颗，扁平，三角形。

物候期　花期11～1月，果期12至翌年2月。

【采收加工】夏、秋季选晴天采摘，除去茎枝，洗净，鲜用或晒干。

【性味功能】味苦，性寒。祛风燥湿，止痒，缓泻。

【主治用法】叶入药。主治湿疹、皮肤瘙痒、牛皮癣、神经性皮炎、疱疹、疮疖肿疡、便秘。外用：适量，鲜叶捣汁擦；或调制成油膏敷。内服：煎汤，3～6克，后下。

【附　　方】治癣症、湿疹：用对叶豆叶捣汁外擦。（《西双版纳傣药志》）

064

铁包金（狗脚利、提云草、小桃花、老鼠草、老鼠耳、老鼠乌、乌金藤）

【学名】*Berchemia lineata* (L.) DC.

【科属】鼠李科勾儿茶属

【生　　境】生于低海拔的山野、路旁或开旷地上。

【分　　布】分布于广东等地。

【识别特征】藤状或矮灌木，高达2米。

叶　　叶纸质，矩圆形或椭圆形，顶端圆形或钝，具小尖头，基部圆形，上面绿色，下面浅绿色，两面无毛。

花　　花白色，无毛，花梗无毛，通常数个至10余个密集成顶生聚伞总状花序，花瓣匙形，顶端钝。

果实　　核果圆柱形，顶端钝，成熟时黑色或紫黑色，基部有宿存的花盘和萼筒；果梗被短柔毛。

物候期　　花期7～10月，果期11月。

【采收加工】7～8月孕蕾前割取嫩茎叶，切碎，鲜用或晒干；9～11月采根，鲜用或切片晒干。

【性味功能】味苦，性平。化瘀血，祛风湿，消肿毒。

【主治用法】茎叶及根入药。用于肺痨久咳、咯血、吐血、跌打损伤、风湿疼痛、痈肿、荨麻疹。内服：煎汤，15～30克；鲜品30～60克。外用：适量，捣敷。

【附　　方】1. 治胃脘痛：铁包金30克，苏铁干花15克，水煎服。(《福建药物志》)

2. 治糖尿病：铁包金根60克，地耳草30克。炖冰糖服。(《福建药物志》)

065

臭牡丹（臭八宝、臭梧桐、矮桐子、大红袍、臭枫根）

【学名】*Clerodendrum bungei* Steud.

【科属】马鞭草科大青属

【生　　境】生于海拔2500米以下的山坡、林缘、沟谷、路旁、灌丛湿润处。

【分　　布】分布于广东等地。

【识别特征】灌木，高1～2米，植株有臭味。

叶	叶片纸质，宽卵形或卵形，先端尖，基部宽楔形、截形或心形，具锯齿，两面均疏被柔毛，叶柄密被黄褐色柔毛。
花	伞房状聚伞花序密集成头状；苞片叶状，披针形或卵状披针形；花萼钟状，被短柔毛及少数盘状腺体，裂片三角形；花冠淡红或紫红色，裂片倒卵形。
果实	核果近球形，成熟时蓝黑色。
物候期	花、果期3～11月。

【采收加工】7～11月采收茎叶，鲜用或切段晒干。

【性味功能】味辛、苦，性平。解毒消肿，祛风除湿，平肝潜阳。

【主治用法】叶、根或地上部分入药。用于眩晕、痈疽、疔疮、乳痈、痔疮、湿疹、丹毒、风湿痹痛。内服：煎汤，10～15克，鲜品30～60克；或捣汁；或入丸剂。外用：适量，煎水熏洗；或捣敷。

【附　　方】1. 治肺脓疡，多发性疖肿：臭牡丹全草90克，鱼腥草30克。水煎服。(《浙江民间常用草药》)

2. 治乳腺炎：鲜臭牡丹叶250克，蒲公英9克，麦冬草12克。水煎冲黄酒、红糖服。(《浙江民间常用草药》)

066

烟草（烟叶、野烟、八角草、金丝烟、相思草、延命草）

【学名】*Nicotiana tabacum* L.

【科属】茄科烟草属

【生　　境】栽培。

【分　　布】分布于广东等地。

【识别特征】一年生或有限多年生草本，全体被腺毛。

叶	叶长圆状披针形、披针形、长圆形或卵形，先端渐尖，基部渐窄成耳状半抱茎；叶柄不明显或成翅状。
花	花序圆锥状，顶生；花萼筒状或筒状钟形，裂片三角状披针形，长短不等；花冠漏斗状，淡黄、淡绿、红或粉红色，基部带黄色。
果实	蒴果卵圆形或椭圆形，与宿萼近等长。
物候期	花、果期夏秋季。

【采收加工】常于7月间，当烟叶由深绿变成淡黄，叶尖下垂时，可按叶的成熟先后，分数次采摘。

【性味功能】味辛，性温，有毒。行气止痛，燥湿，消肿，解毒杀虫。

【主治用法】叶入药。用于食滞饱胀、气结疼痛、关节痹痛、痈疽、疔疮、疥癣、湿疹、毒蛇咬伤、扭挫伤。内服：煎汤，鲜叶9～15克。外用：煎水洗，或捣敷，或研末调敷。

【附　　方】1. 治项疽、背痛：烟丝（培燥，研细末）3克，樟脑1.5克，以蜂蜜调如糊状，贴于患处。（《全国中草药汇编》）

2. 治毒蛇咬伤：先避风挤去恶血，用生烟叶捣烂敷之；无鲜叶用，干者研末敷，即烟油、烟灰皆可。（《慈航活人书》）

067

扇叶铁线蕨（过坛龙、铁线蕨）

【学名】*Adiantum flabellulatum* L.

【科属】凤尾蕨科铁线蕨属

【生　　境】生于阳光充足的酸性红、黄壤上。

【分　　布】分布于广东省广州市、茂名市电白区、茂名市信宜市等地。

【识别特征】植株高20～45厘米。

叶　叶簇生；叶柄紫黑色；叶片扇形，二至三回不对称2叉分枝；中央羽片线状披针形，奇数一回羽状；小羽片8～15对；叶干后近革质，栗色或褐色，两面无毛；各回羽轴及小羽柄均紫黑色，上面均密被红棕色短刚毛，下面光滑。

孢子　孢子囊群每羽片2～5枚；囊群盖半圆形或圆形，革质，黑褐色，全缘，宿存；孢子具不明显颗粒状纹饰。

【采收加工】全年可采，洗净晒干备用，鲜品随用随采。

【性味功能】味微苦，性寒。清火解毒，退热，敛疮收口。

【主治用法】全草入药。主治高热不退、疔疮痈疖脓肿。内服：煎汤，10～15克。外用：适量，煎汤洗。

【附　　方】1. 治高热不退：扇叶铁线蕨15克，煎服。(景洪市傣医波为三验方)

2. 治疔疮痈疖脓肿：扇叶铁线蕨适量，煎水外洗。(景洪市傣医波为三验方)

068

排钱树（圆叶小槐花、龙鳞草、排钱草、尖叶阿婆钱、午时合、笠碗子树、亚婆钱）

【学名】*Phyllodium pulchellum* (L.) Desv.

【科属】豆科排钱树属

【生　　境】生于丘陵荒地、路旁或山坡疏林中，海拔160～2000米。

【分　　布】分布于广东等地。

【识别特征】灌木，高0.5～2米。小枝被白色或灰色短柔毛。

叶	托叶三角形，长约5毫米，基部宽2毫米；叶柄长5～7毫米，密被灰黄色柔毛；小叶革质，顶生小叶卵形，椭圆形或倒卵形，。
花	伞形花序有花5～6朵，藏于叶状苞片内，叶状苞片排列成总状圆锥花序状；花冠白色或淡黄色，旗瓣长5～6毫米，基部渐狭。
果实	荚果长6毫米，宽2.5毫米，腹、背两缝线均稍缢缩，通常有荚节2，成熟时无毛或有疏短柔毛及缘毛。
种子	种子宽椭圆形或近圆形，长2.2～2.8毫米，宽2毫米。
物候期	花期7～9月，果期10～11月。

【采收加工】夏、秋采收，洗净切碎，鲜用或晒干。

【性味功能】味淡、涩，性平，有小毒。清热利湿，活血祛瘀，软坚散结。

【主治用法】根和叶入药。主治感冒发热、疟疾、肝炎、肝硬化腹水、血吸虫病肝脾肿大、风湿疼痛、跌打损伤。孕妇忌服。

【附　　方】1. 治血吸虫病肝脾肿大：排钱树根30克。加水3碗，煎成1碗，1次服。隔日1剂，7剂（14天）为一疗程。根据病情可用1～2或多个疗程。疗程间隔为7～14天。

2. 治传染性肝炎：排钱树根30克，茵陈9克，甘草6克。为1日量，制成浸膏片，分2～3次，饭后服。有黄疸的病例，每日加用积雪草、车前草各9～15克，水煎当茶饮，至黄疸消退。

069

黄毛榕（猫卵子、麻婆风、土黄芪、老鸦风、大摇风）

【学名】*Ficus esquiroliana* Levl.

【科属】桑科榕属

【生　　境】生于沟谷阔叶林中。

【分　　布】分布于广东等地。

【识别特征】小乔木或灌木状。

叶	叶互生，纸质，宽卵形，先端尖，基部心形，上面疏被糙伏长毛，下面被灰白或褐黄色波状毛，侧脉5～6对，3～5裂或不裂，具细锯齿，齿端被长毛；叶柄疏被长硬毛，托叶披针形，早落。
花	雄花集生榕果孔口，具梗，花被片4，顶端全缘，雄蕊2；瘿花花被同雄花，花柱短，侧生，柱头漏斗形；雌花花被4。
果实	瘦果斜卵圆形，具瘤。腋生，圆锥状椭圆形，被淡褐色长毛，顶部脐状，基生苞片卵状披针形。
物候期	花期5～7月，果期7月。

【采收加工】根皮全年均可采，洗净，晒干。

【性味功能】味甘，性平。益气健脾，祛风除湿。

【主治用法】根皮入药。主治气虚、阴挺、脱肛、便溏、水肿、风湿痹痛。内服：煎汤，10～30克。外用：适量，捣敷。

070

黄皮（黄弹）

【学名】*Clausena lansium* (Lour.) Skeels

【科属】芸香科黄皮属

【生　　境】生于溪边疏林或常绿阔叶林中。

【分　　布】分布于广东等地。

【识别特征】小乔木；株高达5米；枝：顶生，多花。

叶	奇数羽状复叶，小叶5～11枚，卵形或卵状椭圆形，基部近圆或宽楔形，叶缘波状或具浅圆锯齿，上面中脉常被细毛。
花	顶生，多花；花瓣5片，白色，稍芳香，长圆形，被毛。
果实	果球形、椭圆形或宽卵形，淡黄至暗黄色，被毛，果肉乳白色，半透明。
物候期	花期3～5月，果期6～8月。

【采收加工】7～9月果实成熟时采摘，鲜用、直接晒干或用食盐腌后晒干。

【性味功能】味辛、甘、酸，性温。行气，消食，化痰。

【主治用法】根、果、果核、叶入药。用于痰饮咳喘、食积胀满等症。

【附　　方】1. 治痰咳哮喘：黄皮果，用食盐腌后，用时取15克，酌加开水炖服。(《福建民间草药》)

2. 治食积胀满：腌黄皮果15～30克。水炖服。(《福建中草药》)

071

黄花棯

【学名】*Sida acuta Burm. F.*

【科属】锦葵科黄花棯属

【生　　境】生于山坡灌丛间、路旁或荒坡。

【分　　布】分布于广东等地。

【识别特征】直立亚灌木状草本，高达2米。

叶	叶披针形，先端尖或渐尖，基部圆或钝，具锯齿，两面无毛或下面疏被星状柔毛，上面偶被单毛；叶柄疏被柔毛，托叶线形，常宿存。
花	花单朵或成对腋生；花梗，疏被柔毛，较长者中部具节；花萼杯状，无毛，5裂，裂片三角形，先端尾尖，宿存；花冠黄色；花瓣5片，倒卵形，被纤毛；花柱分枝4～9，柱头头状。
果实	分果近球形；分果瓣4～9，无毛，顶端具2短芒；果皮具网状皱纹。
物候期	花期4～12月。

【采收加工】秋季采挖，洗净切碎，晒干。

【性味功能】性凉，味微辛。清热利湿，排脓止痛。

【主治用法】全草入药。用于感冒发热、扁桃体炎、细菌性痢疾、泌尿系结石、黄疸、痢疾、腹中疼痛。外用治痈疖疔疮。

072

印度野牡丹（多花野牡丹）

【学名】*Melastoma malabathricum* Linnaeus

【科属】野牡丹科野牡丹属

【生　　境】生于海拔300～1830米的山坡、山谷林下或疏林下，湿润或干燥的地方，或刺竹林下灌草丛中，路边、沟边。

【分　　布】分布于广东等地。

【识别特征】灌木，高0.5～1.5米，分枝多；茎钝四棱形或近圆柱形，密被紧贴的鳞片状糙伏毛，毛扁平边缘流苏状。

叶	叶片坚纸质，卵形或广卵形，顶端急尖，基部浅心形或近圆形，全缘，两面被糙伏毛及短柔毛，背面基出脉隆起，被鳞片状糙伏毛，侧脉隆起，密被长柔毛；叶柄长5～15毫米，密被鳞片状糙伏毛。
花	伞房花序生于分枝顶端，近头状，有花3～5朵，稀单生；花瓣玫瑰红色或粉红色，倒卵形，顶端圆形，密被缘毛。
果实	蒴果坛状球形，与宿存萼贴生，密被鳞片状糙伏毛；种子镶于肉质胎座内。
物候期	花期5～7月，果期10～12月。

【采收加工】秋季采挖全株，洗净，切碎，晒干。

【性味功能】味酸、涩，性凉。消积利湿，活血止血，清热解毒。

【主治用法】全草入药。主治食积、泄痢、肝炎、跌打肿痛、外伤出血、衄血、咳血、吐血、便血、月经过多、崩漏、产后腹痛、白带、乳汁不下、血栓性脉管炎、肠痈、疮肿、毒蛇咬伤。内服：煎汤，9～15克。外用：适量，捣敷。

【附　　方】1. 治跌打损伤：野牡丹30克，金樱子根15克，和猪瘦肉酌加红酒炖服。(《福建民间草药》)

2. 治膝盖肿痛：野牡丹24克，忍冬藤9克，水煎服，日两次。(《福建民间草药》)

073

假马齿苋（小对叶草、小对叶）

【学名】*Bacopa monnieri* (L.) Wettst.

【科属】玄参科假马齿苋属

【生　　境】生水边、湿地及沙滩。

【分　　布】分布于广东等地。

【识别特征】匍匐草本，节上生根，多少肉质，无毛，体态极像马齿苋。

叶　　叶无柄，长圆状倒披针形，先端圆钝，极少有齿。

花　　花单生叶腋；花萼片有1对线形小苞片，萼片前后2枚卵状披针形，其余3枚披针形或线形；花冠蓝、紫或白色，不明显二唇形，上唇2裂；雄蕊4；柱头头状。

果实　　蒴果长卵圆状，顶端急尖，包在宿存花萼内，4月裂；种子椭圆状，顶端平截，黄棕色，具纵条棱。

物候期　　花期5～10月。

【采收加工】夏、秋季采收，切段晒干。

【性味功能】味微甘、淡，性寒。清热凉血，解毒消肿。

【主治用法】全草入药。主治痢疾、目赤肿痛、丹毒、痔疮肿毒；外用治象皮肿。内服：煎汤，15～30克。外用：适量，煎汤洗。

074

假连翘（金露华、金露花、篱笆树、花墙刺、洋刺、番仔刺、莲荠）

【学名】*Duranta erecta* L.

【科属】马鞭草科假连翘属

【生　　境】栽培或逸为野生。

【分　　布】分布于广东等地。

【识别特征】灌木，高约1.5～3米。

叶	叶卵状椭圆形或卵状披针形，纸质，先端短尖或钝，基部楔形，全缘或中部以上具锯齿，被柔毛；叶柄被柔毛。
花	总状圆锥花序顶生或腋生；花萼管状，被毛，5裂，具5棱；花冠蓝紫色，稍不整齐，5裂，裂片平展，内外被微毛。
果实	核果球形，无毛，有光泽，径约5毫米，熟时红黄色，为宿萼包被。
物候期	花、果期5～10月，南方全年。

【采收加工】夏、秋季采收，鲜用或晒干。

【性味功能】味甘、微辛，性温，有小毒。截疟，散瘀，解毒，活血止痛。

【主治用法】果实或叶入药。果：主治疟疾、跌打伤痛。叶：主治跌打瘀肿、痈肿。内服：煎汤，14～20粒；或研末。外用：适量，捣敷。孕妇忌用。

【附　　方】1. 治疟疾：假连翘14粒，红糖15克。开水炖，于未发作前2小时服。（《福建中草药》）

2. 治跌打胸痛：鲜假连翘15克。捣烂，热酒冲服。（《福建中草药》）

075

猫尾草（兔尾草、土狗尾、牛春花、猫尾射）

【学名】*Uraria crinita*(L.) Desv. ex DC.

【科属】豆科狸尾豆属

【生　　境】多生于干燥旷野坡地、路旁或灌丛中，海拔850米以下。

【分　　布】分布于广东等地。

【识别特征】亚灌木；茎直立，高1～1.5米，分枝少，被灰色短毛。

叶	叶为奇数羽状复叶，茎下部小叶通常为3，上部为5，少有为7。
花	总状花序顶生，粗壮，密被灰白色长硬毛；苞片卵形或披针形，具条纹，被白色并展缘毛；花萼浅杯状，被白色长硬毛。
果实	荚果略被短柔毛；荚节2～4，椭圆形，具网脉。
物候期	花、果期4～9月。

【采收加工】全草：夏季采收，洗净，切段，晒干。根：全年均可采挖，洗净泥土，晒干。

【性味功能】全草：味甘，性凉。清热化痰，凉血止血。根：味苦、辛，性平。发汗解表，散瘀止痛，除湿利尿。

【主治用法】全草及根入药。全草：主治肿热咳嗽、刀伤出血。内服：煎汤，9～30克。外用：适量，捣敷。根：主治感冒、跌打损伤、瘀肿疼痛、肾炎、膀胱炎。内服：煎汤，9～30克。

076

望江南（黎茶、羊角豆、狗屎豆、野扁豆、茳芒决明）

【学名】*Senna occidentalis* (Linnaeus) Link

【科属】豆科番泻决明属

【生　　境】常生于河边滩地、旷野或丘陵的灌木林或疏林中，也是村边荒地习见植物。

【分　　布】分布于广东等地。

【识别特征】直立、少分枝的亚灌木或灌木，无毛，高0.8～1.5米。

叶	叶长约20厘米；叶柄近基部有大而带褐色、圆锥形的腺体1枚；小叶4～5对，膜质，卵形至卵状披针形，顶端渐尖，有小缘毛。
花	花数朵组成伞房状总状花序，腋生和顶生；花瓣黄色，外生的卵形。
果实	荚果带状镰形，褐色，压扁，稍弯曲，边较淡色，加厚，有尖头；种子30～40颗，种子间有薄隔膜。
物候期	花期4～8月，果期6～10月。

【采收加工】8月间采收茎叶，晒干。

【性味功能】味苦，性寒，有小毒。肃肺，清肝，通便，解毒。

【主治用法】茎叶、种子入药。主治咳嗽气喘、头痛目赤、小便血淋、大便秘结、痈肿疮毒、蛇虫咬伤。内服：煎汤，6～9克，鲜品15～30克；或捣汁。外用：鲜叶捣敷。

【附　　方】1. 治肿毒：金豆子叶，晒研，醋和敷，留头即消；或酒下6克或9克。(《纲目拾遗》)

2. 治蛇头疔：鲜羊角豆叶一握，和白麻子捣烂敷贴患处。(《福建民间草药》)

077

粗叶榕（五指毛桃、五指牛奶、裂掌榕、猫卵子果、马草果、青冈果、大果佛掌榕）

【学名】*Ficus hirta* Vahl

【科属】桑科榕属

【生　　境】常见于村寨附近旷地或山坡林边，或附生于其他树干。

【分　　布】分布于广东等地。

【识别特征】灌木或小乔木，嫩枝中空，小枝，叶和榕果均被金黄色开展的长硬毛。

叶　叶互生，纸质，长椭圆状卵形或宽卵形，具细锯齿，不裂或3～5深裂，先端尖或渐尖，基部圆、浅心形或宽楔形，上面疏生平伏硬毛，下面被开展柔毛。

花　隐头花序，花序托对生于叶腋或已落叶的叶腋间，球形，顶部有苞片形成的脐状突起，基部苞片卵状披针形，被紧贴的柔毛。

果实　瘦果椭圆球形，表面光滑，花柱贴生于一侧微凹处，细长，柱头棒状。

物候期　花、果期4～6月。

【采收加工】根全年均可采挖，除去细根、泥沙，洗净，趁鲜切段或块片，晒干。果实秋季成熟时采摘，切片，鲜用或晒干。

【性味功能】根入药：味甘，性微温。益气健脾，祛痰化湿，舒筋活络。果入药：味甘，性平。滋润生津，通便，催乳。

【主治用法】根或果实入药。根：用于肺虚痰喘、脾胃气虚、肢倦无力、食少腹胀、水肿、带下、风湿痹痛、腰腿痛。内服：煎汤，60～90克。果：主治便秘，滋润生津，用于产后少乳。内服：煎汤，15～30克，鲜品30～60克，或干品15克。水煎服。

【附　　方】1. 治慢性气管炎：紫花杜鹃150克，毛冬青100克，五指毛桃100克。每日1剂，水煎服。一般用药后第6日见效。(《中国民族药志》)

2. 治产后无乳：五指牛奶60克。炖猪脚服。(《广西民间常用草药手册》)

078

淡竹叶（淡竹米、山鸡米草、竹叶草、金竹米、长竹米、林下竹、地竹）

【学名】*Lophatherum gracile* Brongn.

【科属】禾本科淡竹叶属

【生　　境】生于山坡、林地或林缘、道旁蔽荫处。

【分　　布】分布于广东等地。

【识别特征】多年生草本，具木质根头。

叶	叶鞘平滑或外侧边缘具纤毛；叶舌褐色，背有糙毛；叶片具横脉，有时被柔毛或疣基小刺毛，基部收窄成柄状。
花	圆锥花序；小穗线状披针形，柄极短；颖先端钝，5脉，边缘膜质。
果实	颖果长椭圆形。
物候期	花、果期6～10月。

【采收加工】夏季未抽花穗前采割，晒干。

【性味功能】味甘、淡，性寒。清热泻火，除烦止渴，利尿通淋。

【主治用法】干燥茎叶入药。用于热病烦渴、小便短赤涩痛、口舌生疮。内服：煎汤，9～15克。

【附　　方】1. 治尿血：淡竹叶、白茅根各9克。水煎服，每日一剂。（《江西草药》）

2. 治热淋：淡竹叶12克，灯芯草9克，海金沙6克。水煎服，每日一剂。（《江西草药》）

079

落地生根（打不死、土三七、叶生根、番鬼牡丹、叶爆芽、天灯笼、枪刀草、厚面皮）

【学名】*Bryophyllum pinnatum* (L. f.) Oken

【科属】景天科落地生根属

【生　　境】各地栽培，有逸为野生的。

【分　　布】分布于广东等地。

【识别特征】多年生草本，高达1.5米。

叶	小叶长圆形至椭圆形，先端钝，边缘有圆齿，圆齿底部容易生芽，芽长大后落地即成一新植物；小叶柄长2～4厘米。
花	圆锥花序顶生；花下垂；花萼圆柱形；花冠高脚碟形，基部稍膨大，裂片4，卵状披针形，淡红或紫红色。
果实	蓇葖包在花萼及花冠筒内。
物候期	花期1～3月。

【采收加工】全年均可采，多鲜用。

【性味功能】味苦、酸，性寒。凉血止血，清热解毒。

【主治用法】根或全草入药。主治吐血、外伤出血、跌打损伤、疔疮痈肿、乳痈、乳岩、丹毒、溃疡、烫伤、胃痛、关节痛、咽喉肿痛、肺热咳嗽。

【附　　方】1. 治创伤出血：落地生根鲜叶捣烂敷患处。(《福建中草药》)

2. 治关节肿痛：落地生根鲜全草30克。水煎服。(《福建中草药》)

080

棕竹（裂叶棕竹、筋头竹、棕树、美三）

【学名】*Rhapis excelsa* (Thunb.) Henry ex Rehd.

【科属】棕榈科棕竹属

【生　　境】生于海拔300～500米山地疏林中。

【分　　布】分布于广东等地。

【识别特征】丛生灌木，高2～3米，茎圆柱形，有节，上部被叶鞘，但分解成稍松散的马尾状淡黑色粗糙而硬的网状纤维。

叶	叶掌状深裂，裂片4～10片，不均等，先端宽，截状而具多对稍深裂的小裂片，边缘及肋脉上具稍锐利的锯齿。
花	花序长约30厘米，总花序梗及分枝花序基部各有1枚佛焰苞包着，密被褐色弯卷绒毛；2～3个分枝花序，其上有1～2次分枝小花穗。
果实	果实球状倒卵形，直径8～10毫米。种子球形，胚位于种脊对面近基部。
物候期	花期6～7月，果期9～11月。

【采收加工】全年均可采收，切碎，晒干。

【性味功能】味甘、涩，性平。祛风除湿，收敛止血。

【主治用法】叶、根入药。叶：主治鼻衄、咯血、吐血、产后出血过多。根：主治风湿痹痛、鼻衄、咯血、跌打劳伤。

【附　　方】治尿潴留：鲜棕竹根30～90克，猪尾或猪脚爪30～60克。水煎，分2～3次服，连服9～16日。(《福建药物志》)

081

紫玉盘（十八风藤、石龙叶、酒饼木、酒饼婆、山梗子、牛刀树、牛荼子、缸瓮树）

【学名】*Uvaria macrophylla* Roxburgh

【科属】番荔枝科紫玉盘属

【生　　境】生于海拔400～1350米山地灌丛中或疏林中。

【分　　布】分布于广东等地。

【识别特征】直立灌木，高约2米。

叶　　叶革质，长倒卵形或长椭圆形，顶端急尖或钝，基部近心形或圆形；侧脉每边约13条，在叶面凹陷，叶背凸起。

花　　花1～2朵，与叶对生，暗紫红色或淡红褐色；花梗长2厘米以下；萼片阔卵形；花瓣内外轮相似，卵圆形，顶端圆或钝。

果实　　果卵圆形或短圆柱形，暗紫褐色，顶端有短尖头；种子圆球形。

物候期　　花期3～8月，果期7月至翌年3月。

【采收加工】全年可采根，夏秋采叶，晒干。

【性味功能】味辛，性微温。健胃行气，祛风止痛。

【主治用法】根、叶入药。根：治风湿、跌打损伤、腰腿痛等；叶：止痛消肿。内服：煎汤，根15～30克，叶10～15克；或绞汁。外用：适量，捣敷或煎汤熏洗。

082

紫花地丁（堇堇菜、箭头草、地丁、角子、独行虎、地丁草、宝剑草、犁头草、紫地丁、免耳草）

【学名】*Viola philippica* Cav.

【科属】堇菜科堇菜属

【生　　境】生于田间、荒地、山坡草丛、林缘或灌丛中。在庭园较湿润处常形成小群落。

【分　　布】分布于广东等地。

【识别特征】多年生草本，无地上茎，高4～14厘米，果期高可达20余厘米。根状茎短，垂直，淡褐色，长4～13毫米，粗2～7毫米，节密生，有数条淡褐色或近白色的细根。

叶　基生叶莲座状；下部叶较小，三角状卵形或窄卵形，上部者较大，圆形、窄卵状披针形或长圆状卵形。

花　花紫堇色或淡紫色，稀白色或侧方花瓣粉红色，喉部有紫色条纹；花瓣倒卵形或长圆状倒卵形。

【采收加工】春、秋二季采收，除去杂质，晒干。

【性味功能】味苦、辛，性寒。清热解毒，凉血消肿。

【主治用法】全草入药。用于疔疮肿毒、痈疽发背、丹毒、毒蛇咬伤。内服：煎汤，10～30克，鲜品30～60克。外用：适量，捣敷。

【附　　方】1. 治痈疮疖肿：紫花地丁、野菊花、蒲公英、紫背天葵子各3.6克，银花9克。水煎服，药渣捣敷患处。(《医宗金鉴》)

2. 治乳吹并一切毒：黄花地丁（即蒲公英）、紫花地丁各240克。以长流水洗净，用水熬汁去渣，又熬成膏摊贴。(《惠直堂经验方》)

083

紫薇（千日红、无皮树、百日红、西洋水杨梅、蚊子花、紫兰花、紫金花、痒痒树、痒痒花）

【学名】*Lagerstroemia indica* L.

【科属】千屈菜科紫薇属

【生　　境】半阴生，喜生于肥沃湿润的土壤上。

【分　　布】分布于广东等地。

【识别特征】落叶灌木或小乔木，高可达7米；树皮平滑，灰色或灰褐色；枝干多扭曲，小枝纤细，具4棱，略成翅状。

叶	叶互生或有时对生，纸质，椭圆形、阔矩圆形或倒卵形，顶端短尖或钝形，有时微凹，基部阔楔形或近圆形。
花	花淡红色或紫色、白色，常组成7～20厘米的顶生圆锥花序；中轴及花梗均被柔毛；花瓣6片，皱缩，具长爪；子房3～6室，无毛。
果实	蒴果椭圆状球形或阔椭圆形，幼时绿色至黄色，成熟时或干燥时呈紫黑色，室背开裂。
物候期	花期6～9月，果期9～12月。

【采收加工】叶：春、夏季采收，洗净，鲜用，或晒干备用。根：全年均可采挖，洗净，切片，晒干，或鲜用。皮：5～6月剥取茎皮，秋、冬剥取根皮，洗净，切片，晒干。

【性味功能】味苦，性寒。叶可清热解毒，利湿止血。根可清热利湿，活血止血止痛。皮可清热解毒，利湿祛风，散瘀止血。花可清热解毒，凉血止血。

【主治用法】叶、根、皮、花入药。根：主治痢疾、水肿、烧烫伤、湿疹、痈肿疮毒、跌打损伤。叶：主治痈疮肿毒、乳痈、痢疾、湿疹、外伤出血。皮：主治无名肿毒、内外出血等。花：主治疮疖痈疽、小儿胎毒、疥癣、血崩、带下、肺痨咳血、小儿惊风。外用：适量，捣敷或研末，或煎水洗。

【附　　方】1. 治痈疮肿毒、刀伤：紫薇鲜叶捣烂外敷。（《西本草选》）

2. 治赤白痢疾、急性传染性黄疸型肝炎：紫薇根、叶各15克。水煎服。（《青岛中草药手册》）

084

阔叶丰花草（四方骨草）

【学名】*Spermacoce alata* Aublet

【科属】茜草科丰花草属

【生　　境】多见于废墟和荒地上。

【分　　布】分布于广东等地。

【识别特征】披散、粗壮草本，被毛；茎和枝均为明显的四棱柱形，棱上具狭翅。

叶　　叶椭圆形或卵状长圆形，长度变化大，顶端锐尖或钝，基部阔楔形而下延，边缘波浪形，鲜时黄绿色，叶面平滑；侧脉每边5～6条，略明显；叶柄扁平；托叶膜质，被粗毛，顶部有数条长于鞘的刺毛。

花　　花数朵丛生于托叶鞘内，无梗；小苞片略长于花萼；萼管圆筒形，被粗毛，萼檐4裂；花冠漏斗形，浅紫色，罕有白色，里面被疏散柔毛，基部具1毛环，顶部4裂，裂片外面被毛或无毛；花柱柱头2，裂片线形。

果实　　蒴果椭圆形，被毛，成熟时从顶部纵裂至基部，隔膜不脱落或1个分果瓣的隔膜脱落；种子近椭圆形，两端钝，干后浅褐色或黑褐色，无光泽，有小颗粒。

物候期　花、果期5～7月。

【性味功能】清热解毒，截疟。

【主治用法】根入药。主治感冒发烧、疟疾等。

085

阔苞菊（格杂树、栾樨）

【学名】*Pluchea indica* (L.) Less.

【科属】菊科阔苞菊属

【生　　境】生于海滨沙地或近潮水的空旷地。

【分　　布】分布于广东等地。

【识别特征】灌木。茎直立，高2～3米，径5～8毫米，分枝或上部多分枝。

叶	下部叶无柄或近无柄，倒卵形或阔倒卵形，稀椭圆形，基部渐狭成楔形，顶端浑圆、钝或短尖。
花	头状花序径3～5毫米，在茎枝顶端作伞房花序排列；花冠丝状，檐部3～4齿裂。两性花较少或数朵，花冠管状，檐部扩大，顶端5浅裂，裂片三角状渐尖，背面有泡状或乳头状突起。
果实	瘦果圆柱形，有4棱，长1.2～1.8毫米，被疏毛。冠毛白色，宿存，约与花冠等长，两性花的冠毛常于下部联合成阔带状。
物候期	花期全年。

【采收加工】全年可采，鲜用。

【性味功能】味甘，性微温。暖胃去积，软坚散结，祛风除湿。

【主治用法】茎叶或根入药。主治小儿食积、瘿瘤、痰核、风湿骨痛。内服：煎汤，9～15克。

【附　　方】1. 暖胃去积：取栾樨叶擂烂取汁，和米粉作饼（食之）。（栾樨饼，《岭南采药录》）

2. 治板痧：取栾樨茎叶捣取自然汁，加入牛皮胶、海带，炖溶服之。（《岭南采药录》）

086

蓝猪耳（夏堇、兰猪耳）

【学名】*Torenia fournieri* Linden. ex Fourn.

【科属】玄参科蝴蝶草属

【生　　境】栽培，有时在路旁、墙边或旷野草地也偶有逸生的发现。

【分　　布】分布于广东等地。

【识别特征】一年生草本；株高15～30厘米，株形整齐而紧密；方茎，分枝多，呈披散状。

叶	叶对生，卵形或卵状披针形，边缘有锯齿，叶柄长为叶长之半，秋季叶色变红。
花	花腋生或顶生总状花序，唇形花冠，花萼膨大，萼筒上有5条棱状翼；花冠超出其萼齿部分通常排列成总状花序，花色有紫青色、桃红色、蓝紫、深桃红色及紫色等色。
果实	蒴果长椭圆形。种子小，黄色，圆球形或扁圆球形，表面有细小的凹窝。
物候期	花、果期6～12月。

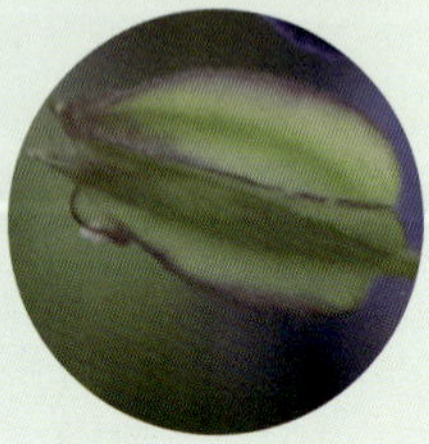

【性味功能】味甘，性凉。清热利湿，止咳止呕。

【主治用法】全草入药。主治黄疸、血淋、呕吐、腹泻、风热咳嗽、跌打损伤、蛇伤、疔毒。

087

蓟罂粟（刺罂粟）

【学名】*Argemone mexicana* L.

【科属】罂粟科蓟罂粟属

【生　境】生于海拔850～1200米的田坝中或江边。或逸为野生。

【分　布】分布于广东等地。

【识别特征】一年生草本（栽培者常为多年生、灌木状），通常粗壮，高30～100厘米。

叶　基生叶密聚，叶片宽倒披针形、倒卵形或椭圆形，先端急尖，基部楔形，边缘羽状深裂，裂片具波状齿，齿端具尖刺，两面无毛，沿脉散生尖刺，表面绿色，沿脉两侧灰白色，背面灰绿色。

花　花单生于短枝顶，有时似少花的聚伞花序；花梗极短；花瓣6片，宽倒卵形，先端圆，基部宽楔形，黄色或橙黄色。

果实　蒴果长圆形或宽椭圆形，长2.5～5厘米，宽1.5～3厘米，疏被黄褐色的刺，4～6瓣自顶端开裂至全长的1/4～1/3。种子球形，直径1.5～2毫米，具明显的网纹。

物候期　花、果期3～10月。

【采收加工】全草：5～7月采收，晒干；种子：夏末果实成熟时采下果实，晒干，压破，除去果壳，取种子；根：9～10月采挖，晒干。

【性味功能】味辛、苦，性凉。全草：发汗利水，清热解毒，止痛止痒。种子：缓泻，催吐，解毒，止痛。根：利小便，杀虫。

【主治用法】全草、种子及根入药。全草：主治感冒无汗、黄疸、淋病、水肿、眼睑裂伤、疝痛、疥癞、梅毒。内服：煎汤，3～6克。外用：捣汁涂。种子：主治便秘、疝痛、牙痛、梅毒。内服：煎汤，2～4克。根：主治淋病、绦虫病。内服：煎汤，3～6克；研末，0.5～1.5克。

088

蒲公英（蒙古蒲公英、黄花地丁、婆婆丁、灯笼草、姑姑英、地丁）

【学名】*Taraxacum mongolicum* Hand.-Mazz.

【科属】菊科蒲公英属

【生　　境】广泛生于中、低海拔地区的山坡草地、路边、田野、河滩。

【分　　布】分布于广东北部。

【识别特征】多年生草本。根圆柱状，黑褐色，粗壮。

叶	叶倒卵状披针形、倒披针形或长圆状披针形，先端钝或急尖，边缘有时具波状齿或羽状深裂，全缘或具齿，通常具齿，平展或倒向，裂片间常夹生小齿，基部渐狭成叶柄，叶柄及主脉常带红紫色，疏被蛛丝状白色柔毛或几无毛。
花	头状花序；总苞钟状，淡绿色；总苞片2～3层，外层总苞片卵状披针形或披针形，边缘宽膜质，基部淡绿色，上部紫红色，先端增厚或具小到中等的角状突起；舌状花黄色，边缘花舌片背面具紫红色条纹。
果实	瘦果倒卵状披针形，暗褐色。
物候期	花期4～9月，果期5～10月。

【采收加工】春至秋季花初开时采挖，除去杂质，洗净，晒干。

【性味功能】味苦、甘，性寒。清热解毒，消肿散结，利尿通淋。

【主治用法】全草入药。用于疔疮肿毒、乳痈、瘰疬、目赤、咽痛、肺痈、肠痈、湿热黄疸、热淋涩痛。内服：煎汤，10～30克（大剂60克）；捣汁或入散剂。外用：捣敷。

【附　　方】1. 治急性结膜炎：蒲公英30克，菊花9克，薄荷6克（后下），车前子12克（布包）。煎服。（《安徽中草药》）

2. 治肠风：蒲公英（连根打烂，青盐腌一宿，晒干，收尽无汁）、槐角子（炒）、柿饼（炙焦存性）、木耳（煅焦存性）、神曲丸，白汤下6克。（《何氏济生论》）

089

蒲桃（广东葡桃）

【学名】*Syzygium jambos* (L.) Alston

【科属】桃金娘科蒲桃属

【生　　境】喜生河边及河谷湿地。

【分　　布】分布于广东等地。

【识别特征】乔木。

叶　叶披针形或长圆形，先端长渐尖，基部宽楔形，两面有透明腺点。

花　聚伞花序顶生，有花数朵；花蕾梨形，顶端圆；花绿白色；萼筒倒锥形，宿存；花瓣4片，分离，倒卵形。

果实　果球形，果皮肉质，成熟时黄色，有腺点；种子1～2颗，多胚。

【采收加工】夏季分批采收成熟果实，除去种子，把果皮晒干或烘干。

【性味功能】味甘、酸，性热。暖胃健脾，补肺止嗽，破血消肿。

【主治用法】果实入药。主治胃寒、呃逆、脾虚泄泻、久痢、肺虚寒嗽、疽瘤。

【附　　方】1. 治腹泻、痢疾：蒲桃果实15～30克。水煎服。（《广西本草选编》）

2. 治刀伤出血：鲜蒲桃根皮适量，捣烂外敷，或用干根皮研粉撒敷。（《广西本草选编》）

090

蜈蚣凤尾蕨（蜈蚣草、鸡冠凤尾蕨、蜈蚣蕨）

【学名】*Pteris vittata* L.

【科属】凤尾蕨科凤尾蕨属

【生　　境】生于钙质土或石灰岩上，海拔2000米以下，也常生于石隙或墙壁上。

【分　　布】分布于广东等地。

【识别特征】陆生中型蕨类植物，植株高30～150厘米。

叶　叶簇生，一型；叶柄深禾秆色或浅褐色，幼时密被鳞片；叶片倒披针状长圆形，长尾头，基部渐窄，奇数一回羽状；不育的叶缘有细锯齿；叶干后纸质或薄革质，绿色。

根茎　短，斜生或横卧、密生黄棕色条形鳞片。

孢子　孢子囊群线形，着生羽片边缘的边脉；囊群盖同形，全缘，膜质，灰白色。

【采收加工】全年均可采收，洗净，鲜用或晒干。

【性味功能】味淡、苦，性凉。祛风除湿，舒筋活络，解毒杀虫。

【主治用法】全草或根茎入药。主治风湿筋骨疼痛、腰痛、肢麻屈伸不利、半身不遂、跌打损伤、感冒、痢疾、乳痈、疮毒、疥疮、蛔虫症、蛇虫咬伤。内服：煎汤，6～12克。外用：适量，捣敷；或煎水熏洗。

【附　　方】1. 治风湿麻木：小牛肋巴15克，小血藤9克，追风伞（一把伞）9克，泡酒服。（《四川中药志》）

2. 治跌打损伤：小牛肋巴、酸浆草各适量。捣敷患处。（《四川中药志》）

091

鼠尾草（坑苏、紫花丹）

【学名】*Salvia japonica* Thunb.

【科属】唇形科鼠尾草属

【生　　境】生于山坡、路旁、荫蔽草丛、水边及林荫下，海拔220～1100米。

【分　　布】分布于广东等地。

【识别特征】一年生草本，高达60厘米。茎沿棱疏被长柔毛或近无毛。

叶	上部茎叶一回羽状复叶，具短柄，顶生小叶披针形或菱形，先端渐尖或尾尖，基部窄楔形，具钝锯齿，两面被柔毛或无毛。
花	轮伞花序具2～6花，组成总状或圆锥花序，序轴密被腺柔毛或柔毛；花冠淡红、淡紫、淡蓝或白色，密被长柔毛，冠筒内具斜向柔毛环，伸出，上唇椭圆形或卵形，下唇中裂片倒心形，具小圆齿，侧裂片卵形。
果实	小坚果褐色，椭圆形。
物候期	花期6～9月。

【采收加工】7～9月采收，洗净，晒干。

【性味功能】味辛、苦，性平，有小毒。清热利湿，活血调经，解毒消肿。

【主治用法】全草入药。主治黄疸、赤白下痢、湿热带下、月经不调、痛经、疮疡疖肿、跌打损伤。内服：煎汤，15～30克。

【附　　方】调经：每日鼠尾草全草30～60 克，或加龙芽草、益母草各30克。水煎，冲黄酒服。(《浙南本草新编》)

092

溪黄草（溪沟草、山羊面、台湾延胡索、大叶蛇总管）

【学名】*Isodon serra* (Maximowicz) Kudo

【科属】唇形科香茶菜属

【生　　境】常成丛生于山坡、路旁、田边、溪旁、河岸、草丛、灌丛、林下沙壤土上，海拔120～1250米。

【分　　布】分布于广东等地。

【识别特征】多年生草本，高达2米。茎上部多分枝，密被倒向柔毛，基部近无毛。

叶	叶卵形或卵状披针形，先端渐短尖，基部楔形，具内弯粗锯齿，两面无毛，仅脉被柔毛，疏被淡黄色腺点，侧脉4～5对，两面微隆起；叶柄上部具渐宽翅，密被柔毛。
花	花萼钟形，密被灰白柔毛及腺点，萼齿长三角形；花冠紫色，被微柔毛，冠筒长约3毫米；雄蕊及花柱内藏。
果实	小坚果宽卵球形，顶端被腺点及白色髯毛；
物候期	花期8～10月，果期9～10月。

【采收加工】夏、秋两季采收，除去杂质，鲜用或晒干。

【性味功能】味苦，性寒。清热解毒，利湿退黄，散瘀消肿。

【主治用法】全草入药。主治湿热黄疸、胆囊炎、泄泻、痢疾、疮肿、跌打伤痛。

【附　　方】1. 治急性黄疸型肝炎：溪黄草配酢浆草、铁线草，水煎服。(《中医方药学》)。

2. 治急性胆囊炎：溪黄草30克，龙胆草9克，山栀子12克。水煎服。(《全国中草药汇编》)。

093

墨苜蓿

【学名】*Richardia scabra* L.

【科属】茜草科墨苜蓿属

【生　　境】生于低海拔旷野草地或滨海沙地。

【分　　布】分布于广东等地。

【识别特征】一年生匍匐或近直立草本，长可至80余厘米；主根近白色。茎近圆柱形，被硬毛，节上无不定根，疏分枝。

叶	叶厚纸质，卵形、椭圆形或披针形，顶端通常短尖，钝头，基部渐狭，两面粗糙，边上有缘毛；托叶鞘状，顶部截平，边缘有数条长2～5毫米的刚毛。
花	头状花序有花多朵，顶生；花冠白色，漏斗状或高脚碟状，管里面基部有一环白色长毛，裂片6，盛开时星状展开，偶有熏衣草的气味。
果实	分果瓣3(-6)，长圆形至倒卵形，背部密覆小乳凸和糙伏毛，腹面有一条狭沟槽，基部微凹。
物候期	花期春夏间。

【主治用法】根入药，闻可催吐。

094

磨盘草（耳响草、磨挡草、石磨子、磨龙子、磨谷子、磨子树）

【学名】*Abutilon indicum* (L.) Sweet

【科属】锦葵科苘麻属

【生　　境】生于海拔800米以下平原、海边、沙地、旷野、山坡、河谷或路旁。

【分　　布】分布于广东等地。

【识别特征】一年生或多年生直立亚灌木状草本。

叶　　叶卵圆形或近圆形，先端短尖或渐尖，基部心形，边缘具不规则锯齿，两面均密被灰色星状柔毛；叶柄被灰色短柔毛和疏丝状长毛；托叶钻形，外弯。

花　　花单生于叶腋，花梗长达4厘米，近顶端具节，被灰色星状柔毛；花萼盘状，绿色，密被灰色柔毛，裂片5，宽卵形，先端短尖；花黄色，花瓣5片。

果实　　果为倒圆形似磨盘，黑色，分果瓣15～20，先端截形，具短芒，被星状长硬毛。

物候期　　花期7～10月。

【采收加工】秋季采集。

【性味功能】味甘、淡，性凉。疏风清热，化痰止咳，消肿解毒。

【主治用法】种子入药。主治感冒、发热、咳嗽、泄泻、中耳炎、耳聋、咽炎、腮腺炎、尿路感染、疮痈肿毒、跌打损伤。

【附　　方】1. 治中耳炎：磨盘草全草30～60克，苍耳根15克，墨鱼干1个，水炖服。（《福建药物志》）

2. 治耳痛、耳聋：磨盘草60克，加瘦肉适量煎汤服。（《香港中草药》）

095

簕欓花椒（花椒簕、鸡咀簕、画眉簕、雀笼踏、搜山虎、鹰不泊）

【学名】*Zanthoxylum avicennae* (Lam.) DC.

【科属】芸香科花椒属

【生　　境】生于平地、山坡的树林中或路旁。

【分　　布】分布于广东等地。

【识别特征】乔木，高达12米。主干上着生三角形红褐色较大的皮刺，枝上的皮刺较小，长1～3毫米。

叶	奇数羽状复叶互生；叶轴上有甚窄的叶翼，表面下陷成小沟状；小叶片长圆形，倒卵状长圆形或菱形，先端狭尖或短尾状尖，钝头且常微凹，基部楔形，歪斜，两侧不对称，边缘具不明显的齿缺，且常背卷。
花	伞房状圆锥花序顶生；萼片卵形；花瓣淡青色，椭圆形或卵状圆形。
种子	种子卵形，长约4毫米。
物候期	花期6～8月，果期9～10月。

【采收加工】根：全年均可采收，挖根，洗净，切片晒干；叶：全年可采收，洗净切碎，鲜用或晒干；果实：9～10月果实成熟时采收，晒干备用。

【性味功能】味辛、苦，性微温。根：祛风除湿，活血止痛，利水消肿。叶：活血止痛，解毒消肿。果实：行气活血，散寒止痛。

【主治用法】根、叶、果入药。根：主治风湿痹痛、跌打损伤、腰肌劳损、脘腹疼痛、黄疸水肿、白带、感冒、咳嗽。内服：煎汤，30～60克；研末，3克；或浸酒。外用：适敷，浸酒擦。叶：主治跌打肿痛、腰肌劳损、黄疸、乳痈、肠痈、痔疮、疔肿。内服：30～60克，鲜品捣汁加酒饮；或研末。外用：适敷，鲜品捣敷。果实：主治胃痛、腹痛、小儿腹胀。内服：煎汤，3～6克。外用：研末敷。

【附　方】1. 治慢性肝炎：鹰不泊根60克，鸡肉120克。水煎服。(《岭南草药志》)

2. 治乳疮：取鹰不泊嫩叶捣烂，煎酒冲服，以醉为度。用其渣敷疮之四围，中留孔，以泄毒气。((岭南采药录》)

096

蟛蜞菊（蟛蜞花、水兰、卤地菊、黄花龙舌草、黄花曲草、鹿舌草、黄花墨菜）

【学名】*Sphagneticola calendulacea* (Linnaeus) Pruski

【科属】菊科蟛蜞菊属

【生　　境】生于路旁、田边、沟边或湿润草地上。

【分　　布】分布于广东等地。

【识别特征】多年生草本，长30～60厘米。

叶	叶对生，椭圆状被针形，先端短尖或钝，基部窄而近无柄，有主脉3条，边缘近全缘或具大齿。
花	头状花序单生，总苞片2列，黄色。
果实	瘦果倒卵形，多疣状突起，顶端稍收缩，舌状花的瘦果具3边，边缘增厚；无冠毛，而有具细齿的冠毛环。
物候期	花期3～9月。

【采收加工】春、夏季采收全草，秋季挖根，鲜用或切段晒干。

【性味功能】味微苦、甘，性凉。清热解毒，凉血散瘀。

【主治用法】全草入药。主治感冒发热、咽喉炎、扁桃体炎、腮腺炎、白喉、百日咳、气管炎、肺炎、肺结核咯血、鼻衄、尿血、传染性肝炎、痢疾、痔疮。

【附　　方】1. 预防麻疹：蟛蜞菊15～60克。水煎2次。每日1剂，连服3天。(《全国中草药汇编》)

2. 治急性扁桃体炎：蟛蜞菊、三叶鬼针草、马兰各15克，一枝黄花9克。水煎服。(《福建药物志》)

097

鳞花草（蛇毛衣、大蛇疮药、牛膝琢、飞扬草、红四季草、蛇疮草）

【学名】*Lepidagathis incurva* Buch.-Ham. ex D. Don

【科属】爵床科鳞花草属

【生　　境】生于灌丛、干旱草坡或河岸沙地。

【分　　布】分布于广东等地。

【识别特征】直立、多分枝草本，高可达1米。

叶	叶纸质，长圆形至披针形，有时近卵形，顶端渐尖或短渐尖，钝头。
花	穗状花序顶生和近枝顶侧生，卵形；花冠白色，喉部内面密被倒生、白色长柔毛，上唇直立，阔卵形，不明显2裂，下唇裂片近圆形。
果实	蒴果长圆形，长约6毫米，无毛；种子每室2粒。
物候期	花期早春。

【采收加工】秋季采挖，洗净，鲜用或晒干。

【性味功能】味甘、微苦，性寒。清热解毒，消肿止痛。

【主治用法】全草入药。主治感冒发热、肺热咳嗽、疮疡肿毒、口唇糜烂、目赤肿痛、皮肤湿疹、跌打伤痛、蛇咬伤。

【附　　方】1. 治伤口感染：牛膝琢叶、野葡萄叶、绿豆各适量。共捣烂，敷患处。(《广东省惠阳地区中草药》)

2. 治皮肤湿疹：牛膝琢全草适量，白矾少许。浓煎外洗患处。(《广东省惠阳地区中草药》)

098

密花豆（鸡血藤、血风、血藤、大血藤、血风藤、三叶鸡血藤）

【学名】*Spatholobus suberedus* Dunn

【科属】豆科密花豆属

【生　　境】生于山谷林间、溪边及灌丛中。

【分　　布】分布于广东等地。

【识别特征】攀援木质藤本。

叶	三出复叶，阔椭圆形，先端锐尖，基部圆形或近心形，上面疏被短硬毛，下面沿脉疏被短硬毛，脉腋间有髯毛。
花	多数，排列成大型圆锥花序；萼筒状，两面被白色短硬毛，萼齿5；花冠蝶形，白色。
果实	荚果刀状，被绒毛，有网脉，沿腹缝线增厚，仅顶部有一个种子。
物候期	花期6月，果期11～12月。

【采收加工】秋、冬二季采收，除去枝叶，切片，晒干。

【性味功能】味苦、甘，性温。活血补血，调经止痛，舒筋活络。

【主治用法】藤茎入药。用于月经不调、痛经、经闭、风湿痹痛、麻木瘫痪、血虚萎黄。

【附　　方】1. 治跌打损伤，见有损伤后瘀血凝滞、肢体板硬、皮肤青紫胀痛者：鸡血藤15克，当归10克，红花6克，淮牛膝10克，乳香6克，没药6克，骨碎补10克，香附10克。水煎分2次服。（无瘀血凝滞者禁用）

2. 治月经过少（适用于血瘀阻滞者）：益母草30克，当归10克。水煎服。

3. 治风湿性关节炎及关节疼痛：络石藤90克，海风藤90克，鸡血藤90克，桑寄生90克，五加皮30克，木瓜60克，白酒3000毫升。将上述6味药材，切成薄片，放入干净的器皿中，倒入白酒浸泡，按冷浸法制成药酒2000～3000毫升即成。每次30毫升，每日1～2次，将酒温热空腹服用。

099

降香（降香黄檀、花梨木、花梨母、降香檀）

【学名】*Dalbergia odorifera* T. Chen

【科属】豆科黄檀属

【生　　境】生于中海拔有山坡疏林中、林缘或标旁旷地上，或栽培。

【分　　布】分布于广东等地。

【识别特征】乔木；树皮褐色或淡褐色，粗糙，有纵裂槽纹。小枝有小而密集皮孔。

叶	羽状复叶，近革质，卵形或椭圆形，复叶顶端的1枚小叶最大，往下渐小。
花	圆锥花序腋生，分枝呈伞房花序状；花冠乳白色或淡黄色，各瓣近等长，旗瓣倒心形。
果实	荚果舌状长圆形，基部略被毛，顶端钝或急尖，基部骤然收窄与纤细的果颈相接，果瓣革质，对种子的部分明显凸起，状如棋子，有种子1粒。

【采收加工】全年均可采收。将树干削去外皮和白色木部，锯成段；或将根部挖出，削去外皮，锯成段。晒干。

【性味功能】味辛，性温。行气活血，止痛，止血。

【主治用法】树干和根的心材入药。用于脘腹疼痛、肝郁胁痛、胸痹刺痛、跌扑损伤、外伤出血。9～15克，入煎剂宜后下。外用适量，研细末敷患处。

【附　　方】1. 治胃脘痛、胸痛、心悸、呃逆、腹痛、胁痛等症：旋覆花6克，代赭石6克，陈皮6克，云苓15克，制半夏6克，竹茹6克，降香6克，乌药6克，丹参15克，赤芍15克，僵蚕6克，地龙15克。水煎服。

2. 治气虚血瘀：黄芪、党参、丹参各30克，赤白芍、川芎、降香、枳壳、红花各10克，麦冬20克，甘草15克。水煎服，每日1剂，日服2次。

3. 治肝气犯胃、食入作吐：当归6克、白芍（酒炒）4.5克、肉桂1.5克、青皮3克、茯苓6克、蒺藜12克、郁金6克、合欢花6克、木香1.5克、牛膝6克、玫瑰花1.5克、红枣5枚、降香1.5克。水煎服。

100

玉竹（荧、委萎、女萎）

【学名】*Polygonatum odoratum* (Mill.) Druce

【科属】百合科黄精属

【生　　境】生于山野林下或石隙间，喜阴湿处。

【分　　布】分布于广东等地。

【识别特征】多年生草本。根茎横走，肉质，黄白色，密生多数须根。茎单一。

叶	叶互生，无柄；叶片椭圆形至卵状长圆形，先端尖，基部楔形；叶脉隆起。
花	腋生，通常1～3朵簇生，花被筒状，黄绿色至白色，先端6裂；雄蕊6，着生于花被筒的中部。
果实	浆果球形，熟时蓝黑色。
物候期	花期4～6月，果期7～9月。

【采收加工】秋季采挖，除去须根，洗净，晒至柔软后，反复揉搓、晾晒至无硬心，晒干；或蒸透后，揉至半透明，晒干。

【性味功能】味甘，性微寒。养阴润燥，生津止渴。

【主治用法】根茎入药。用于肺胃阴伤、燥热咳嗽、咽干口渴、内热消渴。内服：煎汤，6～12克；熬膏、浸酒；或入丸、散。外用：适量，鲜品捣敷；或熬膏涂。阴虚有热者宜生用，热不甚者宜制用。

【附　　方】1. 治肺热咳嗽：玉竹12克，杏仁9克，石膏9克，麦冬9克，甘草6克。水煎服。(《山东中草药手册》)

2. 治虚咳：玉竹15～30克，与猪肉同煮服。(《湖南药物志》)

3. 治胃热口干、便秘：玉竹15克，麦冬9克，沙参9克，生石膏15克。水煎服。(《山东中草药手册》)

101

虎杖（花斑竹、酸筒杆、酸汤梗、川筋龙、斑庄、斑杖根、大叶蛇总管）

【学名】*Reynoutria japonica* Houtt.

【科属】蓼科虎杖属

【生　　境】生于山坡灌丛、山谷、路旁、田边湿地。

【分　　布】分布于广东等地。

【识别特征】多年生灌木状草本，高达1米以上。根茎横卧地下，木质，黄褐色，节明显。茎直立，圆柱形，表面无毛，散生着多数红色或带紫色斑点，中空。

叶　单叶互生，阔卵形至近圆形，先端短尖，基部圆形或楔形；叶柄长1～2.5厘米；托鞘膜质，早落。

花　单性，雌雄异株，圆锥花序腋生；花小而密，白色。

果实　瘦果卵形，具3棱，红褐色，光亮，包在翅状的花被中。

物候期　花期7～9月，果期9～10月。

【采收加工】春、秋二季采挖，除去须根，洗净，趁鲜切短段或厚片，晒干。

【性味功能】味微苦，性微寒。祛风利湿，散瘀定痛，止咳化痰。

【主治用法】根茎和根入药。用于关节痹痛、湿热黄疸、经闭、癥瘕、水火烫伤、跌扑损伤、痈肿疮毒、咳嗽痰多。孕妇慎用。

【附　　方】1. 治产后瘀血血痛：虎杖根，研末，酒服。（《本草纲目》）

2. 治湿热黄疸：虎杖、金钱草、板蓝根各30克，鸡眼草60克，每日1剂。（《四川中药志》）

3. 治痔疮出血：虎杖、银花、槐花各9克。水煎服。（《四川中药志》）

芡（卵菱、鸡瘫、鸡头实、水鸡头、肇实、刺莲藕）

【学名】*Euryale ferox* Salisb. ex DC

【科属】睡莲科芡属

【生　　境】生于池沼湖泊中。

【分　　布】分布于广东等地。

【识别特征】一年生水生草本，具白色须根及不明显的茎。

叶　初生叶沉水，箭形；后生叶浮于水面，叶柄长，圆柱形中空，表面生多数刺，叶片椭圆状肾形或圆状盾形，叶脉分歧点有尖刺，背面深紫色，叶脉凸起。

花　单生；花梗粗长，多刺，伸出水面；萼片肉质，有刺，内面带紫色；花瓣多数，分3轮排列，带紫色。

果实　浆果球形，海绵质，污紫红色，外被皮刺。种子球形，黑色，坚硬，具假种皮。

物候期　花期6～9月，果期7～10月。

【采收加工】秋末冬初采收成熟果实，除去果皮，取出种子，洗净，再除去硬壳（外种皮），晒干。

【性味功能】味甘、涩，性平。益肾固精，补脾止泻，祛湿止带。

【主治用法】种仁入药。用于梦遗滑精、遗尿尿频、脾虚久泻、白浊、带下。内服：煎汤，15～30克；或入丸、散，亦可适量煮粥食。

【附　　方】1. 治心脾两虚、肾失封藏、夜梦遗精、带下白浊：远志2.4克，山药6克，芡实6克，枣仁（炒，捣碎）6克，白术（炒）、茯苓各4.5克，炙甘草3克，人参3～6克，五味子14粒（畏酸者去之），金樱子（去核）6克，水煎，空腹时服。

2. 治脾肾阳虚气弱、虚劳羸瘦、气短乏力、精神萎靡、泄泻日久等症：山药30克、芡实30克、韭菜30克、粳米100克。将韭菜切成细末，将芡实煮熟去壳、捣碎，将山药捣碎后，一同与粳米相和，慢火煮成粥。空腹食。

3. 治脾胃湿热内蕴：白术15克，茯苓15克，山药30克，草豆蔻10克，生薏米30克，生扁豆30克，萆薢10克，枳壳15克，黄柏15克，芡实15克，桂枝10克，天花粉10克。水煎服，每日1剂，日服2次。

103

莲（莲花、芙蕖、芙蓉、菡萏、荷花）

【学名】*Nelumbo nucifera* Gaertn.

【科属】睡莲科莲属

【生　　境】自生或栽培于池塘内。

【分　　布】分布于广东等地。

【识别特征】多年生水生草本。根茎肥厚横走，外皮黄白色，节部缢缩，节间膨大，内白色，中空而有许多条纵行的管。

叶	叶片圆盾形，高出水面，全缘，叶柄着生于叶背中央，圆柱形，中空。
花	花梗与叶柄等高或略高；花大，单一，顶生，粉红色或白色，萼片4或5，早落；花瓣多数；雄蕊多数，早落；心皮多数，埋藏于花托内，花托倒圆锥形，顶部平，有小孔20～30个，每个小孔内有1椭圆形子房，花柱很短，果期时花托逐渐增大，海绵质，俗称“莲蓬”。
果实	坚果椭圆形或卵形，果皮坚硬、革质；内有种子1枚，俗称“莲子”。
物候期	花期7～8月，果期9～10月。

【采收加工】除去莲心者称莲肉。秋季果实成熟时采割莲房，取出果实，除去果皮，干燥。

【性味功能】味甘、涩，性平。补脾止泻，益肾涩精，养心安神。

【主治用法】种子入药。用于脾虚久泻，遗精带下，心悸失眠。内服：煎汤，6～15克；或入丸、散。

【附　　方】1. 治急性腹泻：太子参30克，云苓10克，白术10克，扁豆10克，陈皮15克，山药15克，莲子15克，砂仁6克，薏苡仁30克，炙甘草6克，黄芪15克，水煎服。

2. 治失眠：莲子50克，百合10克，酸枣仁5克（打碎），水煎1小时，吃莲子喝汤。

3. 治脾虚腹泻：干荔枝肉10克，莲子10克，芡实10克，山药10克，大米100克，共煮为粥食用。

104

雀梅藤（对节刺、对角刺、碎米子、沙穷勒、米碎木）

【学名】*Sageretia thea* (Osbeck) Johnst.

【科属】鼠李科雀梅藤属

【生　　境】生于丘陵、山地林下或灌丛中。

【分　　布】分布于广东等地。

【识别特征】藤状或直立灌木。小枝具刺，常对生。

叶　对生或互生，被短柔毛；叶片纸质，椭圆形、长圆形或卵状椭圆形，先端锐尖，基部圆形或近心形，边缘具细锯齿。

花　两性，无梗，黄色，芳香，穗状或圆锥状花序；花萼5，花瓣5，匙形。

果实　核果近球形，熟时紫黑色。

【采收加工】秋后采根，洗净鲜用或切片晒干。

【性味功能】味甘、淡，性平。降气，化痰，祛风利湿。

【主治用法】根入药。主治咳嗽、哮喘、胃痛、鹤膝风、水肿。内服：煎汤，9～15克；或浸酒。外用：适量，捣敷。

【附　　方】治水肿：雀梅藤二层皮。朱砂5克，绿豆粉50克。研末为丸如梧子大。每服七丸，开水送下。

105

阔叶十大功劳（土黄柏、刺黄柏、刺黄芩、刺黄连、老鼠刺、土黄连）

【学名】*Mahonia bealei* (Fort.) Carr.

【科属】小檗科十大功劳属

【生　　境】生于向阳山坡的灌丛中，也有栽培。

【分　　布】分布于广东等地。

【识别特征】灌木或小乔木。

叶	叶片狭倒卵形至长圆形，上面暗灰绿色，背面被白霜，两面叶脉不显；小叶厚革质，硬直，自叶下部往上小叶渐次变长而狭，最下一对小叶卵形，基部阔楔形或圆形，偏斜，边缘每边具2～6粗锯齿，先端具硬尖。
花	总状花序直立，通常3～9个簇生；花黄色。
果实	浆果卵形，深蓝色，被白粉。
物候期	花期9月至翌年1月，果期3～5月。

【采收加工】根：全年均可采收，洗净泥土，除去须根，切断，晒干，或鲜用。叶：全年均可采摘，晒干备用。

【性味功能】味苦，性寒。清热，燥湿，消肿，解毒。

【主治用法】根入药。主治湿热痢疾、腹泻、黄疸、肺痨咳血、咽喉痛、目赤肿痛、疮疡、湿疹。内服：煎汤，10～15克，鲜品30～60克。外用：适量，捣烂或研末调敷。

【附　　方】1. 治湿热黄疸：十大功劳根30克，茵陈15克。水煎服。（《福建药物志》）

2. 治盆腔炎：阔叶十大功劳根9克，金银花10克，紫花地丁24克。水煎服。（《福建药物志》）

106

鹰爪花（五爪兰、鹰爪兰、鹰爪、莺爪）

【学名】*Artabotrys hexapetalus* (L. f.) Bhandari

【科属】番荔枝科鹰爪花属

【生　　境】绿化植物，常栽培于公园或屋旁。

【分　　布】分布于广东等地。

【识别特征】攀援灌木。

叶	纸质，长圆形或阔披针形，顶端渐尖或急尖，基部楔形。
花	1～2朵，淡绿色或淡黄色，芳香；萼片绿色，卵形；花瓣长圆状披针形，近基部收缩。
果实	卵圆状，顶端尖，数个群集于果托上。
物候期	花期5～8月，果期5～12月。

【采收加工】根：全年均可采挖，鲜用或晒干。果实：秋季果实成熟时采摘，鲜用或晒干研粉。

【性味功能】根：味苦，性寒。截疟。果实：味辛、微苦，性微寒。清热解毒，散结。

【主治用法】根及果实入药，根：主治疟疾。内服：煎汤，10～20克，疟发前2小时服。果实：主治瘰疬。外用：适量，捣烂或研末，黄酒调敷。

107

假鹰爪（黑节竹、鸡香草、鸡爪香、鸡爪根、酒饼藤、酒饼叶）

【学名】*Desmos chinensis* Lour.

【科属】番荔枝科假鹰爪属

【生　　境】生于丘陵山坡、林缘灌木丛中，或低海拔旷地、荒野及山谷等地。

【分　　布】分布于广东等地。

【识别特征】直立或攀援灌木，枝皮有灰白色凸起的皮孔。

叶　薄纸质或膜质，长圆形或椭圆形，顶端钝或急尖，基部圆形或稍偏斜，上面有光泽，下面粉绿色。

花　黄白色，单朵与叶对生或互生；外轮花瓣比内轮花瓣大，长圆形或长圆状披针形，内轮花瓣长圆状披针形。

果实　有柄，念珠状；种子球状。

物候期　花期夏至冬季，果期6月至翌年春季。

【采收加工】全年均可采收，切片晒干。

【性味功能】味辛，性温。小毒。祛风利湿，化瘀止血，健脾和胃，截疟杀虫。

【主治用法】根及叶入药，主治风湿痹痛、跌打损伤、产后瘀滞腹痛、消化不良、胃痛腹胀、疥癣等。内服：煎汤，3～15克；或浸酒。

【附　　方】1. 治消化不良：假鹰爪根、叶3～12克。水煎服。（《广西本草选编》）

2. 治产后腹痛：假鹰爪根9～15克，水煎服。（《广西本草选编》）

3. 治风湿痹痛、跌打损伤：假鹰爪根9～15克。水煎或浸酒服。（《广西本草选编》）

108

木棉（攀枝、斑芝树、斑芝棉、攀枝花、英雄树、红棉）

【学名】*Bombax ceiba* Linnaeus

【科属】木棉科木棉属

【生　　境】栽培。

【分　　布】分布于广东等地。

【识别特征】落叶大乔木，幼树的树干通常有圆锥状的粗刺。

叶	掌状复叶，小叶5～7片，长圆形至长圆状披针形，顶端渐尖，基部阔或渐狭，全缘。
花	单生枝顶叶腋，通常红色，萼杯状，花瓣肉质，雄蕊多数，集成5束。
果实	蒴果长圆形，钝，密被灰白色长柔毛和星状柔毛；种子多数。
物候期	花期3～4月，果夏季成熟。

【采收加工】春季采花，晒干或阴干；夏、秋剥取树皮，春、秋采根，洗净切片晒干。

【性味功能】花：味甘、淡，性凉。清热利湿，解暑。树皮、根：味微苦，性凉。祛风除湿，活血消肿，散结止痛。

【主治用法】以花、树皮和根入药。花：用于肠炎、痢疾，暑天可作凉茶饮用。内服：煎汤，9～15克，或研末服。树皮：用于风湿痹痛、跌打损伤。内服：煎汤，15～20克。外用：适量，捣敷。根：用于胃痛、颈淋巴结结核。内服：煎汤，15～30克。外用：适量，浸酒搽或捣敷。

【附　　方】1. 治暑天汗出烦热：攀枝花适量，开水泡服。（《四川中药志》）

2. 治疖疮、跌打痨伤：攀枝花树皮捣烂外敷。（《云南中草药选》）

3. 治风湿性关节炎：木棉根30～60克。水煎或浸酒服。（《福建药物志》）

109

黑老虎（过山龙藤、臭饭团、中泰南五味子、四川黑老虎）

【学名】*Kadsura coccinea* (Lem.) A. C. Smith

【科属】五味子科南五味子属

【生　　境】生于山地疏林中，常缠绕于大树上。

【分　　布】分布于广东等地。

【识别特征】藤本。

叶	革质，长圆形至卵状披针形，先端钝或短渐尖，基部宽楔形或近圆形，全缘。
花	单生于叶腋，稀成对，雌雄异株。雄花：花被片红色；雌花：花被片与雄花相似，心皮长圆体形，50～80枚。
果实	聚合果近球形，红色或暗紫色，小浆果倒卵形，外果皮革质，不显出种子。种子心形或卵状心形。
物候期	花期4～7月，果期7～11月。

【采收加工】全年均可采，掘起根部及须根，洗净泥沙，切成小段或割取老藤茎，刮去栓皮，切段，晒干。

【性味功能】味辛、微苦，性温。行气止痛，祛风活络，散瘀消肿。

【主治用法】根入药。用于胃、十二指肠溃疡，慢性胃炎，急性胃肠炎，风湿性关节炎，跌打肿痛，痛经，产后瘀血腹痛。内服：煎汤，藤茎9～15克；或研粉，0.9～1.5克；或浸酒。外用：适量，研末撒，或捣敷，或煎水洗。

【附　　方】1. 治瘀痛、跌打：兰香草、黑老虎。煎汤或浸酒服。(《广东中药》)

2. 治十二指肠溃疡、慢性胃炎、急性胃肠炎：黑老虎根9～15克，水煎服。或0.9～1.5克，研末服。(《湖南药物志》)

3. 治跌打瘀肿：九里香15克，透骨消12克，血见愁12克，黑老虎12克，金牛根12克、清水三碗半，煎成一碗冲酒服。

4. 治跌打损伤、风湿性关节痛：冷饭团根15克，铁箍散15克。水煎服。外用鲜藤捣烂酒炒敷。(《湖南药物志》)

110

多须公（斑骨相思、土牛膝、广东土牛膝、六月雪）

【学名】*Eupatorium chinense* L.

【科属】菊科泽兰属

【生　　境】生于山坡、路旁、林缘、林下及灌丛中。

【分　　布】分布于广东各地。

【识别特征】多年生草本，或小亚灌木状；枝多分枝，分枝斜生，茎上部分枝伞房状；全部茎枝被污白色短柔毛。

叶	单叶对生，无柄或几无柄；中部茎生叶卵形或宽卵形，稀卵状披针形、长卵形或披针状卵形，基部圆，羽状脉，叶两面被白色柔毛及黄色腺点，茎生叶有圆锯齿。
花	头状花序在茎顶及枝端排成大型疏散复伞房花序，总苞钟状，总苞片3层：外层苞片卵形或披针状卵形，外被柔毛及稀疏腺点；花白、粉或红色；疏被黄色腺点。
果实	瘦果熟时淡黑褐色，椭圆状，疏被黄色腺点。

【采收加工】9～10月采挖，洗净，切段，晒干。

【性味功能】味甘、苦，性凉。清热利咽，凉血解毒，消肿散瘀。

【主治用法】根入药。主治咽喉肿痛、白喉、吐血、血淋、赤白下痢、跌打损伤、痈疮肿毒、毒蛇咬伤、水火烫伤。内服：煎汤，10～60克，鲜品30～60克。外用：适量，捣敷或煎水洗。

【附　　方】1. 治喉痛、单双喉蛾：广东土牛膝鲜根250克。捣烂榨取自然汁，加盐少许；缓缓吞咽，并留一部分含漱。（《岭南草药志》）

2. 预防白喉：广东土牛膝粗末9～15克。经3次水煎，收集过滤浓缩成为浓缩液。分1～3次服，连服4天为1个预防用量。(《岭南草药志》)

3. 治血淋：广东土牛膝60克。加少量米酒，水煎服。(《广西中草药》)

111

木蝴蝶（千张纸、云故纸、破布子、白故纸、白玉纸、白千层、千纸肉）

【学名】*Oroxylum indicum* (L.) Bentham ex Kurz

【科属】紫葳科木蝴蝶属。

【生　　境】生于低丘河谷密林，以及公路边丛林中，常单株生长。

【分　　布】分布于广东南部各市县。

【识别特征】小乔木，高达10米。

花	花萼钟状，紫色，膜质；花冠紫红色，肉质，檐部下唇3裂，上唇2裂，傍晚开花，有臭味；雄蕊着生花冠筒中部，花丝微伸出花冠，花丝基部被绵毛。
果实	蒴果木质，垂悬树梢，2瓣裂；种子多数，圆形，周翅薄如纸，故有千张纸之称。

【采收加工】秋、冬二季采收成熟果实，暴晒至果实开裂，取出种子，晒干。

【性味功能】味苦、甘，性凉。清肺利咽，疏肝和胃。

【主治用法】种子入药。用于肺热咳嗽、喉痹、音哑、肝胃气痛。内服：煎汤，6～9克；研末，1.5～3克。外用：适量，敷贴；或研末撒患处。

【附　　方】1. 治急性气管炎、百日咳：木蝴蝶3克，胖大海9克，桔梗5克，甘草3克，桑白皮10克，款冬花10克，水600毫升。煎取200毫升，加冰糖100克，溶化于药液，制成糖浆。1日数次，频频服之。（《现代实用中药》）

2. 治干咳、声音嘶哑、咽痛喉痛：木蝴蝶2.4克，胖大海9克，蝉蜕3克，甘草6克，冰糖适量。水煎服。（《中药临床应用》）

3. 治久咳声哑：木蝴蝶6克，玄参9克。水煎调冰糖服。（《福建药物志》）

4. 治慢性咽喉炎：木蝴蝶3克，银花、菊花、沙参、麦冬各9克。煎水代茶。（《香港中草药》）

112

扁豆(火镰扁豆、峨眉豆、扁豆子、茶豆)

【学名】*Lablab purpureus* (L.) Sweet

【科属】豆科扁豆属

【生　　境】栽培品。

【分　　布】分布于广东各地。

【识别特征】多年生缠绕藤本,全株几无毛。

叶　花羽状复叶具3小叶;托叶披针形;小叶宽三角状卵形,宽约与长相等,侧生小叶两边不等大,偏斜,先端急尖或渐尖,基部近截平;

花　总状花序直立,花序轴粗壮,花2至多朵簇生于每一节上;花萼钟状,花冠白色或紫色,旗瓣圆形,翼瓣宽倒卵形,具截平的耳,龙骨瓣呈直角弯曲。

果实　荚果长圆状镰形,扁平,直或稍向背弯曲;种子3～5颗,扁平,长椭圆形,在白花品种中为白色,在紫花品种中为紫黑色,种脐线形,长约占种子周围的2/5。

【采收加工】秋、冬二季采收成熟果实,晒干,取出种子,再晒干。

【性味功能】味甘,性微温。健脾化湿,和中消暑。

【主治用法】种子入药。用于脾胃虚弱、食欲不振、大便溏泻、白带过多、暑湿吐泻、胸闷腹胀。内服:煎汤,10～15克;或生品捣研水绞汁;或入丸、散。外用:适量,捣敷。

【附　　方】1. 治暑湿困阻、头昏胸闷:扁豆衣、厚朴花、薄荷各6克,桑叶、茯苓各9克,鲜荷叶半张。水煎服。(《安徽中草药》)

2. 治脾胃湿困、不思饮食：扁豆衣、茯苓、炒白术、神曲各9克。藿香、佩兰各6克。水煎服。(《安徽中草药》)

3. 治妇人赤白带下：白扁豆炒黄为末，米饮调下。(《妇人良方》)

113

槟榔（槟榔子、大腹子、宾门、橄榄子、青仔）

【学名】*Areca catechu* L.

【科属】棕榈科槟榔属

【生　　境】生于热带地区，常栽植于阳光充足、湿度大的林间地上。

【分　　布】产于广东等地。

【识别特征】乔木状，高10米，茎有环状叶痕。

叶　　簇生茎顶，羽片多数，两面无毛，窄长披针形，上部羽片合生，先端有不规则齿裂。

花　　雌雄同株，花序多分枝，花序轴粗扁，分枝曲折，上部着生1列或2列雄花，雌花单生于分枝基部。雄花小，无梗，通常单生；雌花较大，花瓣近圆形。

果实　　果长圆形或卵球形，橙黄色，中果皮厚，纤维质；种子卵形，基部平截，胚乳嚼烂状。

【采收加工】春末至秋初采收成熟果实，用水煮后，干燥，除去果皮，取出种子，干燥。

【性味功能】味苦、辛，性温。杀虫，消积，行气，利水，截疟。

【主治用法】种子入药。用于绦虫病、蛔虫病、姜片虫病、虫积腹痛、积滞泻痢、里急后重、水肿脚气、疟疾。内服：煎汤，6～15克；单用杀虫，可用60～120克；或入丸、散。

【附　　方】1. 治食积气滞、腹痛胀满：槟榔、木香、青皮、陈皮、枳壳各9克，黄柏、三棱、香附、芒硝、大黄各6克。水煎服或制成丸剂，每服9克。

2. 治绦虫病：槟榔片60克。水煎服。

3. 治胆道蛔虫：槟榔、使君子各15克，两面针、救必应各12克，乌梅9克，川椒3克。水煎2次混匀，分2次服。

114

独脚金（矮脚子、干草、疳积草、宽叶独脚金）

【学名】*Striga asiatica* (L.) O. Kuntze

【科属】玄参科独脚金属

【生　　境】生于庄稼地和荒草地，寄生于寄主的根上。

【分　　布】分布于广东各地。

【识别特征】一年生半寄生草本；直立，全株被刚毛；茎单生，少分枝。

叶　　叶较狭窄，仅基部的为窄披针形，其余的为线形，有时鳞片状。

花　　花单朵腋生或在茎顶端形成穗状花序；花萼有棱10条，5裂几达中部，裂片钻形；花冠通常黄色，少红色或白色，花冠筒顶端急剧弯曲，上唇短2裂。

果实　　蒴果卵状，包于宿存的萼内。

【采收加工】夏、秋季采收，除去杂质，扎成小把，干燥。

【性味功能】味甘、微苦，性平。清肝，健脾消积，清热杀虫。

【主治用法】全草入药。用于小儿伤食、疳积、黄肿、夜盲、夏季热、腹泻、肝炎。内服：煎汤，10～15克。

【附　　方】1. 治小儿疳积、夜盲：独脚金9～15克。和猪肝煮熟服，日服1次。（《闽南民间草药》）

2. 治小儿腹泻：独脚金6克，地锦6克。水煎服。（《湖南药物志》）

3. 治夏季热：独脚金全草10～15克。水煎服。（《湖南药物志》）

115

大齿牛果藤（显齿蛇葡萄、野藤茶、藤茶、甜茶藤）

【学名】*Nekemias grossedentata* (Hand.-Mazz.) J. Wen & Z. L. Nie

【科属】葡萄科牛果藤属

【生　境】生于沟谷林中或山坡灌丛。

【分　布】分布于广东北部山区。

【识别特征】木质藤本；小枝圆柱形，有显著纵棱纹，无毛。

叶	卷须二叉分枝；一至二回羽状复叶，二回羽状复叶者基部一对为3小叶，小叶宽卵形或长椭圆形，有粗锯齿，两面无毛。
花	花萼碟形，边缘波状浅裂；花瓣卵状椭圆形；花盘发达，波状浅裂；子房下部与花盘合生，花柱钻形。
果实	果近球形，有种子2～4；种子腹面两侧洼穴向上达种子近中部。
物候期	花期5～8月，果期8～12月。

【采收加工】夏、秋季采收，洗净，鲜用，或切片，晒干。

【性味功能】味甘、淡，性凉。清热解毒，利湿消肿。

【主治用法】茎叶及根入药。主治感冒发烧、咽喉肿痛、黄疸型肝炎、目赤肿痛、痈肿疮疖。内服：煎汤，15～30克，鲜品倍量。外用：适量，煎水洗。

【附　方】1. 治黄疸型肝炎、感冒风热、咽喉肿痛：甜茶藤15～30克，水煎服。(《广西本草选编》)

2. 治急性结膜炎：甜茶藤适量，水煎熏洗。(《广西本草选编》)

116

凉粉草（仙草、仙人草、仙人冻、仙人拌、仙牛拌）

【学名】*Platostoma palustre* (Blume) A. J. Paton

【科属】唇形科逐风草属

【生　　境】生于坡地、沟谷的小杂草丛或沙地草丛中。

【分　　布】广东中部、东北部有分布。

【识别特征】一年生草本，高达1米；枝及茎被柔毛及细刚毛，后脱落无毛。

叶　叶窄卵形或近圆形，先端尖或钝，基部宽楔形或稍圆，具锯齿，两面被细刚毛或长柔毛，或脱落无毛，下面脉被毛；被平展柔毛。

花　轮伞花序组成顶生总状花序；苞片圆形、菱状卵形或近披针形，先端尾状骤尖，具色泽；花萼密被白色柔毛，上唇中裂片先端尖或钝，下唇偶微缺；花冠白或淡红色，上唇4浅裂。

果实　小坚果黑色，长圆形。

【采收加工】夏季开花时采收，晒干。

【性味功能】味甘、淡，性凉。消暑，清热，凉血，解毒。

【主治用法】地上部分入药。主治中暑、糖尿病、痢疾、高血压病、急性肾炎、风火牙痛、烧烫伤、丹毒、梅毒。内服：煎汤，15～30克，大剂量可用至60克。外用：适量，研末调敷；煎水洗；鲜品捣敷。

【附　　方】1. 治暑热：凉粉草适量，捣烂水煮，待成黄褐色后，去渣，取汁和米浆煮热，冷却成黑色胶状物（凉粉、仙人拌），拌以砂糖，代茶饮。（江西《草药手册》）

2. 治痢疾：凉粉草、败酱草各30克，水煎服。（《福建药物志》）

3. 治糖尿病：鲜凉粉草90克。水煎，代茶饮。（江西《草药手册》）

117

石胡荽（球产草、鹅不食草、地胡椒）

【学名】*Centipeda minima* (L.) A. Br. et Aschers.

【科属】菊科石胡荽属

【生　　境】生于路旁、荒野阴湿地。

【分　　布】分布于广东各地。

【识别特征】一年生草本；茎多分枝，匍匐状，微被蛛丝状毛或无毛。

叶	叶楔状倒披针形，先端钝，基部楔形，边缘有少数锯齿，无毛或下面微被蛛丝状毛。
花	头状花序小，扁球形，花序梗无或极短；总苞半球形，总苞片2层；边花雌性，多层，花冠细管状，淡绿黄色，2～3微裂；盘花两性，花冠管状，淡紫红色，下部有明显的窄管。
果实	瘦果椭圆形，具4棱，棱有长毛，无冠状冠毛。

【采收加工】夏、秋二季花开时采收，洗去泥沙，晒干。

【性味功能】味辛，性温。祛风通窍，解毒消肿。

【主治用法】全草入药。用于风寒头痛、咳嗽痰多、鼻塞不通、鼻渊、鼻息肉、疟疾。内服：煎汤，5～9克；或捣烂塞鼻。

【附　　方】1. 治伤风头痛、鼻塞：鹅不食草（鲜或干均可）搓揉，嗅其气，即打喷嚏，每日2次。(《贵阳民间药草》)

2. 治鼻炎、鼻窦炎、鼻息肉、鼻出血：鹅不食草、辛夷花各3克，研末吹入鼻孔，每日2次；或加凡士林20克,做成膏状涂鼻。(《青岛中草药册》)

3. 治疟疾：鹅不食草、胡椒、冷饭团各适量。捣烂，于发作前8小时敷两手寸口。(《岭南草药志》)

118

毛唇芋兰（独叶莲、独脚莲、珍珠叶、坠千斤、青天葵）

【学名】*Nervilia fordii* (Hance) Schltr.

【科属】兰科芋兰属

【生　　境】生于山坡或沟谷林下阴湿处。

【分　　布】分布于广东北部和中部。

【识别特征】块茎球形，直径1～1.5厘米。

叶	叶1枚，花凋后长出，淡绿色，质较薄，干后带黄色，叶心状卵形，先端尖，基部心形，边缘波状，两面脉上和脉间均无毛，叶柄长约7厘米。
花	花序具3～5花；苞片线形，反折，较子房连花梗长；花梗细，多少下垂，半张开，萼片和花瓣淡绿色，具紫色脉，近等大，线状长圆形；唇瓣白色，具紫色脉，倒卵形，凹入，内面密生长柔毛，顶部毛密集成丛，基部楔形，前部3裂，侧裂片三角形，先端尖，直立，围抱蕊柱；中裂片横椭圆形，先端钝。
物候期	花期5月。

【采收加工】夏、秋两季采挖，洗净晒干；或洗净后，除去须根，晒至半干时将叶片包裹球茎，搓成球状，反复搓晒至干。

【性味功能】味甘，性凉。润肺止咳，清热凉血，散瘀解毒。

【主治用法】全草入药。主治肺痨咯血、肺热咳嗽、口腔炎、瘰疬、疮疡肿毒、跌打损伤。内服：煎汤，9～15克。外用：适量，捣敷。

【附　　方】1. 治口腔炎、急性喉头炎：青天葵鲜全草1株。生嚼含。（《全国中草药汇编》）

2. 治疮疖肿痛：（青天葵）鲜叶捣烂，调红糖外敷。（《广西本草选编》）

3. 治小儿疳积、疝气痛：青天葵鲜块茎6～12克。炖瘦猪肉或鸡蛋吃。（《全国中草药汇编》）

4. 治痰热郁肺型肺胀：鱼腥草30克，青天葵12克，苇茎20克，浙贝母、葶苈子、瓜蒌仁各12克，黄芩10克，杏仁12克，甘草6克。水煎服。

119

台湾银线兰（金线莲、台湾金线莲、金线兰）

【学名】*Anoectochilus formosanus* Hayata

【科属】兰科开唇兰属

【生　　境】多生于海拔500～1600米的阴湿森林或竹林内。

【分　　布】分布于广东全省。

【识别特征】植株高约20厘米。根状茎匍匐，伸长。茎肉质，圆柱形。

叶	叶卵形或卵圆形，长2.7～4厘米，上面墨绿色，绒毛状，具白色脉网，下面带红色，骤窄成柄，柄基部有鞘。
花	花茎红褐色，被毛，下部疏生2～3鞘状苞片，花序具3～5花；苞片卵状披针形，被毛，中萼片近圆形，舟状，侧萼片斜长椭圆形；花瓣白色，斜镰状，近顶部尾状，与中萼片靠合呈兜状；唇瓣位于下方，呈Y字形，前部扩大，白色，2深裂，裂片镰状披针形、菱状长圆形或窄长圆形，爪两侧各具5条丝状裂条，裂条略上弯，基部具角锥状距，距贴近子房，长4毫米，末端2浅裂，距内近末端具2胼胝体，胼胝体板状，顶部平截；蕊柱长2毫米；柱头2。
物候期	花期10～11月。

【采收加工】夏、秋季采收，鲜用或晒干。

【性味功能】味甘，性凉。清热凉血，除湿解毒。

【主治用法】全草入药。主治肺结核咯血、尿血、小儿惊风、破伤风、肾炎水肿、风湿痹痛等症。内服：煎汤，9～15克。外用：适量，鲜品捣敷。

【附　　方】1. 治小儿急惊风：金线兰3～9克，八角莲3克。水煎服。(《福建药物志》)

2. 治风湿及类风湿性关节炎：金线兰30克，同猪肉（切勿带骨）120克炖熟，冲入黄酒适量。每日服1～2次。分服2天完。(《全国中草药汇编》)

120

多花黄精（姜状黄精）

【学名】*Polygonatum cyrtonema* Hua

【科属】百合科黄精属

【生　　境】生于林下、灌丛或山坡阴处。

【分　　布】分布于广东北部和中部。

【识别特征】根状茎肥厚，常连珠状或结节成块，稀近圆柱形。

叶	通常具10～15枚叶。互生，椭圆形、卵状披针形或长圆状披针形，稍镰状弯曲，先端尖或渐尖。
花	花序具(1)2～7(－14)花，伞形，花被黄绿色，两侧扁或稍扁，具乳头状突起或短绵毛，顶端稍膨大或囊状突起。
果实	浆果成熟时黑色，具3～9种子。
物候期	花期5～6月，果期8～10月。

【采收加工】9～10月挖起根茎，去掉茎杆，洗净泥沙，除去须根和烂疤，蒸到透心后，晒或烘干。

【性味功能】味甘，性平。补气养阴，健脾，润肺，益肾。

【主治用法】根茎入药。用于脾胃气虚、体倦乏力、胃阴不足、口干食少、肺虚燥咳、劳嗽咳血、精血不足、腰膝酸软、须发早白、内热消渴。

【附　　方】1. 治糖尿病：黄精15克，山药15克，知母、玉竹、麦冬各12克，水煎服。

2. 治肺结核：黄精2500克，水煎浓缩收膏。口服每日4次，每次10毫升。

3. 治高脂血症：黄精30克，山楂25克，何首乌15克，水煎服，每日1剂。

4. 治胃热口渴：黄精18克，熟地黄、山药各15克，天花粉、麦门冬各12克，水煎服。

121

无患子（洗手果、油罗树、苦患树、油患子、木患子）

【学名】*Sapindus saponaria* Linnaeus

【科属】无患子科无患子属

【生　　境】山地、庭园和村边常见栽培。

【分　　布】分布于广东各地。

【识别特征】落叶大乔木，高达20余米；嫩枝绿色，无毛。

叶	小叶5～8对，常近对生，叶薄纸质，长椭圆状披针形或稍镰形，先端短尖或短渐尖，基部楔形，稍不对称，两面无毛或下面被微柔毛，侧脉细密，15～17对，近平行。
花	圆锥花序顶生；花小，辐射对称，花梗短；萼片卵形或长圆状卵形，花瓣5，披针形，有长爪；花盘碟状。
果实	发育分果瓣近球形，橙黄色，干后黑色。
物候期	花期春季，果期夏秋季。

【采收加工】秋季采摘成熟果实，除去果肉和果皮，取种子晒干。

【性味功能】味苦、微辛，性寒，有小毒。清热，祛痰，消积，杀虫。

【主治用法】种子入药。主治喉痹肿痛、肺热咳嗽、喑哑、食滞、疳积、蛔虫腹痛、滴虫性阴道炎、癣疾、肿毒。内服：煎汤，3～6克；或研末。外用：适量，烧灰或研末吹喉、擦牙；或煎汤洗；或熬膏涂。

【附　　方】1. 治喉痹：无患子，研。内喉中立开。（《普济方》）

2. 治喉蛾：无患子核、凤尾草各9克。水煎服。（《福建药物志》）

3. 治百日咳、感冒发烧：无患子果仁3枚。水煎服。（《青岛中草药手册》）

122

小花山小橘（山橘仔、山小橘、山柑橘、野沙柑、酒饼木）

【学名】*Glycosmis parviflora* (Sims) Kurz

【科属】芸香科山小橘属

【生　　境】生于山坡、河谷、溪边林内及灌丛中。

【分　　布】分布于广东各地。

【识别特征】灌木或小乔木，高1～3米。

叶	小叶2～4片，稀5片或兼有单小叶，小叶片椭圆形、长圆形或披针形，有时倒卵状椭圆形，顶部短尖至渐尖，有时钝，基部楔尖，无毛，全缘。
花	圆锥花序腋生及顶生，花序轴、花梗及萼片常被早脱落的褐锈色微柔毛；萼裂片卵形，端钝，花瓣白色，长椭圆形，雄蕊10枚，极少8枚；子房阔卵形至圆球形，油点不凸起。
果实	浆果球形或椭圆形，淡黄白色变淡红或暗朱红色，熟时半透明，味甜可食。
物候期	花期3～5月，果期7～9月。

【采收加工】根全年均可采，洗净，切片晒干。叶鲜用。

【性味功能】根：味辛；叶：味微甘，性温。祛风解表，化痰止咳，理气消积，散瘀消肿。

【主治用法】用于感冒咳嗽、食滞纳呆、食积腹痛、疝气痛、跌打肿痛。9～15克，水煎服。

【附　　方】1. 治黄疸型肝炎：山小橘根12克，水煎服。（《广西民族药简编》）

2. 治跌打肿痛：山小橘鲜叶捣烂，酒调外敷。（《广东本草选编》）

123

红葱（小红蒜）

【学名】*Eleutherine plicata* Herb.

【科属】鸢尾科红葱属

【生　　境】栽培。

【分　　布】分布于广东各地。

【识别特征】多年生草本。根柔嫩，黄褐色；鳞茎卵圆形，鳞片肥厚，紫红色。

叶	窄卵形或宽披针形，先端渐尖，基部楔形，4～5条纵脉平行隆起，叶皱褶。
花	花茎高30～42厘米，上部有3～5个分枝，花白，无明显花被筒；花被裂片倒披针形，内、外花被片近等大；雄蕊花药丁字着生；柱头3裂，子房长椭圆形；3室。
物候期	花期6月。

【采收加工】夏、秋两季可采，除去泥沙，鲜用或干燥。

【性味功能】味苦、辛，性凉。清热凉血，活血通经，消肿解毒。

【主治用法】新鲜或干燥全草入药。用于吐血、咯血、痢疾、胃痛、经闭腹痛、风湿痹痛、跌打损伤、疮疖肿毒。内服：煎汤，6～15克，鲜品15～30克。外用：适量，捣敷；或煎汤外洗。

【附　　方】1. 治吐血、咯血，闭经腹痛：鲜红葱草15～30克，水煎服。(《广西本草选编》)

2. 治风湿关节痛：鲜红葱全草水煎外洗。(《广西本草选编》)

124

白花油麻藤（禾雀花、血枫藤、鸡血藤、大兰布麻、白花禾雀花）

【学名】*Mucuna birdwoodiana* Tutch.

【科属】豆科黧豆属

【生　　境】生于山地阳处、路旁、溪边，常攀援在乔木、灌木上。

【分　　布】分布于广东各地。

【识别特征】常绿大型木质藤本；茎断面先流出白色汁液，有3～4偏心的同心圆圈，2～3分钟后汁液变为血红色。

叶	羽状复叶具3小叶，小叶近革质，顶生小叶椭圆形、卵形或近倒卵形，先端尾状渐尖，基部圆或近楔形，两面无毛或疏生短毛，侧生小叶偏斜。
花	总状花序生于老茎上或腋生，有多花，花成束生于节上；花萼杯状，内面与外面均密被黄褐色伏毛，外面兼有粗刺毛；花冠白或绿白色，旗瓣、翼瓣、龙骨瓣、子房均密被淡褐色短毛。
果实	荚果带形，木质，幼时被红褐色脱落性刚毛，成熟后被红褐色茸毛，种子间缢缩，沿背腹缝线各具3～5毫米宽的木质翅。种子5～13颗，深紫黑色，近肾形。
物候期	花期4～6月，果期6～11月。

【采收加工】秋、冬两季采收，除去枝叶，切片，干燥。

【性味功能】味苦、甘，性平。补血，活血，通络，强筋骨。

【主治用法】藤茎入药。用于月经不调、麻木瘫痪、风湿痹痛，以及贫血、白细胞减少症。内服：煎汤，9～30克；或浸酒。

【附　　方】1. 治慢性肝炎（血瘀型），肝区刺痛，痛处不移，舌质紫，脉细涩：丹参30克，当归9克，赤芍9克，鸡血藤15克，桃仁6克，玄胡9克，郁金9克，三七

3克（研），香附9克，枳壳6克，广木香6克，甘草3克。水煎服。

2. 治再生障碍性贫血：白花油麻藤茎30～60克，首乌15～30克，地菍15～30克。水煎服。

植物中文名索引

植物学名索引

F

G

H

I

J

K

L

M

N

O

P

R

S

T